大学の学びガイド

# 社会人・技術者倫理入門

比屋根 均 著

理工図書

# はじめに

　中学以降の教育は、どれもそのゴールが社会人としてのスタートに直接結び付いています。でも高等教育まで進んだ学生の多くは、とりあえず次の段階に進むという当面の目標に集中し、就職のことは二の次にして考えてこなかったかもしれません。そういう人も、最終段階の高等教育の学生になったからには、その後の社会人生活への準備を意識しながら、学びと生活を送っていくことになるでしょう。

　本書は、そう願う学生の皆さんに、社会人生活や職業人に対する良いガイドとなる読本兼教科書として書きました。これは「技術者倫理」の受講生の一部から出されていた「普通に生きる倫理も教えて」という要望に答えたものでもあります。


　本書が扱うのは、「技術（者）倫理」がベースですが、「技術者」「技術業」にはそれ以外の職業者にも共通する部分があります。本書はできる限り「技術者」に限らないよう、「専門的職業者」や「分業者」と表現し、「社会人」入門として役立つようにしました。

　中には安全技術など、一見技術者にしか関係なさそうなことも扱っていますが、安全はどのような職場や生活の場でも多少なりとも必要になる知識です。決して無駄にはなりませんし、基本的な考え方ですから難しくもないでしょう。


　執筆に際しては「社会人とはこうあるものだ」などという押し付けは極力避けたつもりです。皆さん（大学新入生）の目線で、身近なところから無理なく考えていくことで、社会の中で職業者としてより良く生き

ていくとはどういうことかを学べるようにしました。また、社会人の素養として、自ら考え、話し合いや議論をし、判断するための題材や機会を提供しています。

本書を教科書として使う場合には、15〜60分の短い時間で良いので、グループワークを極力取り入れて欲しいと思います（教科書の中にガイド的にグループワーク課題を示していますが、別の課題でも構いません）。それが、友人作りを助けるとともに、社会人になってから必要になる様々な人との共同作業のベースにもなり、学問の世界での議論の最初の経験にもなります。

また、本書は学生の読本としても書かれていますから、全ての内容を講義で取り上なくても構いません。ある部分を詳細な資料を加えて取り上げ、残りをレポートや自習課題にしたり、ディスカッションの解説に使ったりすれば、学生にとってより有意義な講義にできると思います。

学生の皆さんが本書を読本として使う場合も、できるだけ何人かで取り組み、いろいろと議論して欲しいと思います。

「技術者倫理」は、特に工学では生き方を考える唯一の科目として大切です。ここで学ぶ現代社会を生きていく思考と、学問的思考とをうまく結びつけ、よりよい知的社会人となる準備を始めましょう。

なお、大学新入生の皆さんは、履修届までに第2章まで読み進めることをお勧めします。学生時代をどう過ごすか、どう学ぶかについて、ガイドを与えています。

はじめに

# 第Ⅰ部　社会人になる学びへ

## 第1章　社会人になること …………………………………………2
### 1.1　社会人への飛躍 ……………………………………… 2
### 1.2　学ぶ者から問題解決者へ …………………………… 4
### 1.3　一人の学びから組織的な仕事へ ……………………6
### 1.4　間違いの重みの違い …………………………………9
### 1.5　三現主義～実際に出会う問題は曖昧 ……………… 11
### 1.6　協力して問題に取り組む …………………………… 13

## 第2章　実践に役立てる学び ……………………………………15
### 2.1　問題解決力 …………………………………………… 15
### 2.2　専門的な業務能力を身につける …………………… 21
### 2.3　色々な人と話し合う・議論する …………………… 29

第3章　専門業務従事者の責任と能力 ……………………… 31
　3.1　組織の分業とやり甲斐 …………………………………… 31
　3.2　頼りになる専門家になる ………………………………… 33

# 第Ⅱ部　倫理的であること

第4章　良心と倫理 ………………………………………… 46
　4.1　誠実性 ……………………………………………………… 46
　4.2　専門学問・専門技術の積極的役割 ……………………… 46
　4.3　良心に基づく判断や行動に潜む危うさ ………………… 47
　4.4　倫理的能力の3つの部分 ………………………………… 52

第5章　倫理の基本 ………………………………………… 57
　5.1　黄金律 ……………………………………………………… 57
　5.2　功利主義 …………………………………………………… 58
　5.3　費用便益計算の落とし穴 ………………………………… 59
　5.4　カントの義務論 …………………………………………… 62
　5.5　同意を得る ………………………………………………… 63

第6章　法を守ることと倫理 ……………………………… 67
　6.1　法律を守ることと倫理 …………………………………… 67
　6.2　法と技術 …………………………………………………… 69
　6.3　製造物責任 ………………………………………………… 70
　6.4　説明責任 …………………………………………………… 70
　6.5　倫理的想像力 ……………………………………………… 72

# 第III部　安全・リスク対応の技術

## 第7章　安全の倫理1 ················· 76
### 7.1　日本の労働安全活動 ················· 76
### 7.2　現場的な労働安全の方策 ················· 78
### 7.3　深層防護の失敗とスイスチーズ・モデル ················· 79
### 7.4　労働安全活動に取り入れられた機械安全の考え方 ················· 83

## 第8章　安全の倫理2 ················· 89
### 8.1　リスクアセスメント ················· 89
### 8.2　事後に安全性を向上させる方策 ················· 92
### 8.3　フェールセーフ〜危険検出型と安全確認型 ················· 95

## 第9章　技術知の戦略 ················· 99
### 9.1　現代科学技術が概ねうまくいっている理由 ················· 99
### 9.2　間違い最小の戦略 ················· 104
### 9.3　実害最小の戦略 ················· 108

# 第IV部　組織の中の倫理

## 第10章　チームワークと尊厳 ················· 116
### 10.1　組織という"生命体" ················· 116
### 10.2　チームワークの基礎 ················· 118
### 10.3　計画的な実行 ················· 121
### 10.4　組織内の倫理問題 ················· 122

## 第11章　組織分業と専門家の役割 …………………… 129
11.1　分業と組織内の緊張関係 ………………………………… 129
11.2　専門家の2つの立場 ……………………………………… 131
11.3　集団思考 …………………………………………………… 136

## 第12章　組織における説得 …………………………… 139
12.1　組織での説得 ……………………………………………… 139
12.2　説　得 ……………………………………………………… 143
12.3　専門家に客観的評価を誤らせる要因 …………………… 149

# 第Ⅴ部　変化する社会と倫理

## 第13章　人工の世界と専門業務 ……………………… 156
13.1　価値観の多様化と「技術者倫理」科目 ………………… 156
13.2　「科学技術への過信」の問題領域 ……………………… 158
13.3　「地球の限界」の問題領域 ……………………………… 162
13.4　科学・技術の進歩によるリスク ………………………… 168
3.5　リスク社会 ………………………………………………… 170

## 第14章　情報の価値、高度情報化社会 ……………… 171
14.1　高度情報化社会 …………………………………………… 171
14.2　知的財産権の変化 ………………………………………… 173
14.3　個人情報保護 ……………………………………………… 176
14.4　インターネットによる人の繋がり方の変化の問題 …… 179
14.5　情報化社会にける専門家の役割 ………………………… 181

第 15 章　信託される者の倫理……………………………………183
　15.1　倫理的能力 ……………………………………………183
　15.2　安心と信頼のために …………………………………189
　15.3　信頼を築く ……………………………………………195
　あとがき ………………………………………………………199
　資料：世界人権宣言（全文）………………………………… 200

# 第Ⅰ部

## 社会人になる学びへ

　児童と呼ばれたころから10年以上学校で過ごしてきた皆さんは、社会に出て働くことのイメージを持つことさえ難しくなっているかもしれません。この第Ⅰ部では、まず社会人生活と学業生活とで何が違っているかを理解し、社会人として求められることを確認していきます。そして社会人1年生という高等教育のゴールを少しイメージできればと思います。

　そして、高等教育を受動的にこなすだけでなく、自分のためになるよう主体的に学び考え過ごしていきましょう。これからの学び、学業だけでなく全ての生活や活動を通じた広い意味での学びは、意識的に取り組めば、卒業後の人生に役立てることができます。逆に、自由度の大きい高等教育期間を生かそうとせず、試験で良い成績を取り優秀な成績を修めるだけでは、必ずしも社会人として使いものにならなくなるかもしれません。

　まずは、あまり難しく考えず、出された問いを考えてみてください。そうすればこれまでの学生生活への気づきと、その裏返しとして社会人生活への理解が進むはずです。また、できるだけ同学年や年齢や立場の近い人たち、あるいは身近な社会人の方々と話し合ってください。そうすれば、また違った気づきに出会えるでしょう。

# 第1章 社会人になること

## 1.1 社会人への飛躍

### 1.1.1 落ちこぼれ社会人

「落ちこぼれ社会人」とは少々ショッキングな言葉だが、実際に結構な人数になる。私の感覚では、程度差こそあれ約10%はあまり戦力にならないまま過ごしており、その率もエリート大学の卒業生ほど多い。

「落ちこぼれ社会人」の特徴を表1.1に示す。実は、「落ちこぼれ社会人」は、学校生活の価値観が身に沁みついていて、社会人としての価値観を理解できない人たちだ。

まるで学校で出される課題と同じように仕事に向き合い(1)、問いを解けばよいだけの明確な形にしてくれるのを待ち(3)、その形が悪いと文句を言う(4)。自分の仕事の意味や価値については無関心(2)。学校と違って競争相手

表1.1 「落ちこぼれ社会人」の特徴

| | |
|---|---|
| (1) | 頼まれた（指示された）ことしかしない。 |
| (2) | 自分がした仕事がどのように実現したか、役立ったかといった結果に無関心。 |
| (3) | 相談を受けても、自分が何をすればよいのかは、相手が決めることと考えている。 |
| (4) | 指示や依頼の内容が曖昧だったりして、仕事ができなかったり失敗したりすると、それを指示・依頼した者のせいにする。 |
| (5) | 自分の仕事のアウトプット前に、正しいかの確認チェックを疎かにしがち。 |
| (6) | 自分から質問も相談もしない。 |
| (7) | 分からないところを自分勝手に仮定し補って仕事を進め、アウトプットの際にその仮定を相手に伝えない。 |
| (8) | 仕事の納期を守らない。スケジュールを狂わせても迷惑を掛けたと思わない。 |
| (9) | 仕事の質が悪いため、仕事を頼まれなくなっていく。 |

もいないから仕事の質も悪くなり (9)、納期もルーズになる (8)。

### 1.1.2 学業生活から社会人生活へのギャップ

「落ちこぼれ社会人」の率がエリートな大卒ほど高いのは、学業での成功体験がそのまま社会でも通用すると勘違いしてしまうからだ。多くの高等教育機関のカリキュラムは、社会人になるための素養を網羅せず、学生任せにしている部分が多い。なのに、「学校でしっかり学べば社会人の準備もできるはず」と学校に頼り過ぎているから、その勘違いに気づかないまま卒業する。そして社会人になっても、そのギャップを理解できずに対応不能に陥る[1]。

学業と社会人生活とのギャップの根源は、学業と仕事との違いにある。まず目的が違う。学業の目的があなた自身の学力・学習到達度を上げることなのに対し、仕事の目的は自身以外の誰かに、そして社会のために役立つことだ。また立場も違う。目的が自身の成長にある学生は学費を払うお客さんだ。だから学校に守ってもらえるし、他の学生と平等に扱われなければ文句を言う権利もある。しかし社会人は他人に役立つのが目的だ。だから、相手・お客さん・社会の人々（公衆）を守る立場になるし、役立ち方の劣る人の扱いは仕事ができる人より悪くて当然だ。組織の目的や組織自体に対する貢献度の高い人を大切にする方が、組織にとって合理的だからだ。

そして、スムーズに社会人生活に馴染めるようになるには、これらの根本的な違いだけでなく、より具体的にこれまで学業生活に沿うように身に着けてきた自身の思考や行動の癖にも気づく必要がある。

---

[1] 日本では、高等教育機関は専門教育をし、社会人教育は就職先組織が行うという教育分業が長年行われてきた。高等教育機関は研究もするから、教育も専門学問に特化しがちで、社会人生活がどのようなものかを理解する先生も少なくなった。そのため社会人教育の能力が高等教育機関の側に乏しくなってきているのが実情だ。技術者である著者からはそう見える。

## 1.2 学ぶ者から問題解決者へ

### 1.2.1 主体的・能動的な態度へ

就職すると上司や先輩から、「新しい目で変えてくれ」、「どんどん意見を言ってくれ」、「積極的に挑戦しなさい」などと言われる。

社会では皆、人生や生活のどの段階でも新しい問題に直面し、解決しながら進んでいく。就職、結婚、出産、育児、老後、終活など、誰にとっても人生で初めて直面する問題だ。組織でも、例えば40年前の日本にはまだパソコンも無く、書類は手書きで、OA(Office Automation)やFA(Factory Automation)に取り組む時代だった。当時の新入社員は今も同じ組織に勤めているかもしれないが、今では仕事の仕方も内容も大きく変化している。その間どれだけの問題を克服し、変化を生み出し、変化に対応してきただろう。

社会生活では、次から次へと様々な問題がやってくる。だから個人にも組織にも、直面する問題に能動的に取り組み、自分達なりに模索し解決して進んでいく態度が必要だ。「変えてくれ」「意見を言ってくれ」「挑戦しなさい」とは、共に模索して進む仲間に早くなって欲しい、貢献して欲しい、活躍して欲しいという期待の表れだ。

他方、学業生活では、受動的な態度でも、与えられた課題をなんとかこなして試験で不合格にならなければ進級もできるし卒業もできる。授業中居眠りしても、ノートを写させてもらって試験勉強さえすれば単位は取れるかもしれない。しかしそのような受動的な態度は、社会では通用しない。

学校の目的は社会に必要な人材を輩出することだ。高等教育はその最終の高度な段階にある。高等教育で与えられる大きな自由度は、この期間の使い方を学生自身に任せ、自律的かつ能動的、創造的に学生時代を有効に使ってもらうためだ。そのことをまず再確認しておこう。

### 1.2.2 従順さの倫理から責任の倫理へ

学校という学業の場では、良くも悪くも学校の秩序やルールや先生に従う「従順さ」が求められる。学校では、生徒・学生に平等に学ぶ機会を与えるため、皆さんにも一定の秩序を守ることが求められる。特に日本では、生徒・学生に考え行動する自由を与えるより、秩序優先で型にはめる傾向が強いかもしれない。

しかし、社会では主体的・能動的に自分で考える態度が求められる。「誰かの指示を待つ」だけの態度はアルバイトでも通用しないだろう。それは、社会人として責任ある行動が求められるからだ。そして高等の専門教育を修めた職業者には、より大きな責任がかかってくる。

その責任や、責任に耐えるようになるために何が必要か。今の自分を振り返りながら、次の2つの事例で考えてみよう。

#### 【事例 1.1】セウォル号沈没事故（2014 年 4 月 16 日）

その日、韓国の大型貨客船セウォル号は、仁川から済州島に向かっていた。修学旅行中の高校生 325 人と教員 14 人、一般客 108 人、乗務員 29 人の計 476 名が乗船、車両 150 台余りを積んでいた。午前 8 時 58 分頃、観梅島（クァンメド）沖海上で転覆し沈没。乗員 1 人、乗客 298 人が死亡、行方不明 5 人、捜索作業員 8 人が死亡する惨事となった。

沈没の主な原因の 1 つはセウォル号の過積載とされる。推奨貨物量の上限 987 トンに対し、3.6 倍の 3,608 トンが積載されていたという。天候も波も航行するには好条件だったが、8 時 49 分頃に右に 45 度旋回すると、車両を固定していたワイヤーが切れて荷の偏りが起きたのだろう、船体が傾き始めた。52 分頃、さらに急旋回して横倒しになる

大きく傾く船内には「救命胴衣を着用して待機してください」という自動船内放送が流れた。これに対して高校生たちが「はい」と答え待機し続けている姿が、船内から投稿された動画に残されている。

その一方、船長を含む乗員のほとんどは脱出し、約 50 名の乗客とともに最初の警備艇に救助された。乗客の救助より自らを含む船員の脱出を優先した船長らの態度や、過積載を繰り返していた海運会社に対して厳しい非難の声が広がった。

Q1.1a　あなたが高校生だったら、船内放送に逆らってでも、自発的に外に状況を見に行ったり、すぐに外に逃げられるところに移動したり、みんなにそのような行動を促したり、できただろうか？

#### 【事例 1.2】大韓航空貨物 8509 便墜落事故（1999 年 12 月 22 日）

ロンドンのスタンステッド空港を離陸する前の点検で、機長側操縦席の姿勢

指示器（ADI）がうまく表示しないトラブルが見つかった。ADIに情報を送ってくる慣性航法ユニット（INU）との配線接続が緩んでいたのを原因と見て直し、簡単に確認して修理終了とした。事故調査の結果、実際にはINUが故障していたことが分かった。故障したまま離陸したことになる。

機長は離陸直後にADIがうまく表示しないことに気づいたはずだ。このとき副機長側のADIは正常に表示しており、副機長が操縦することもできたし、機長側でも予備ADIに切り替えることもできた。しかし、機長はADIに頼らず自分の感覚で操縦を行った。また副機長も機長に適切な情報を与えなかったし操縦を代わる申し出もしなかった。そして機長の勘頼みの操縦がミスとなり墜落したと見られている。

実は離陸前、若い副機長は機長にひどく叱られていたという。また韓国では儒教文化が強く「目上の人に従いなさい」という社会慣行の影響もあっただろう。そのため副機長は目上の機長に意見を言うことができなかったようだ。目上の人への従順さが、事故防止の行動を妨げたことになる。

> Q1.1b　あなたが副機長の立場だったら（儒教文化の影響は考えない）、機長に逆らってでもADIの切り替えを促したり、正しい操作を伝えたり、自ら操縦するように申し出たり、できただろうか？

> Q1.2　上の2つの事例では、「従順さ」が判断や行動の幅を狭め、自分を含む多くの命を救うのを妨げた。判断が求められる場面で臨機応変に適切に判断できるようにするためには、日頃から単に「従順」にしているだけではダメだろう。では、日頃からどのような態度でいるべきだろうか。

## 1.3　一人の学びから組織的な仕事へ

### 1.3.1　人間関係の中での仕事へ

社会の仕事では、何らかの組織的な営みの一部を分担したものだ。たとえ独立自営の場合でも、1人だけで完結する仕事など無い。「仕事」という限り、誰かの役に立つことが第一義的な価値であり目的であり意味だ。また、共同し

たり分担したりする「仲間」という「相手」もいる。つまり「仕事」にとって「人間関係」は必須の構成要素だ。その様子を、次の事例で確認しておこう。

【事例1.3】製鋼工場での製造ラインを使った実験

表1.2は、ある製鋼工場の部署構成とどのような専門分野の人が集まっているかを簡単に示したものだ。

例えば、この工場の製鋼課や圧延課で生産ラインを使って新しい生産技術の開発テストをしようとする場合、次のような手続きが必要だ。

まず試験計画を技術課に出し承認を受けて予算を取る。調達課に必要な実験資材の購入をお願いする。生産管理課に頼んで生産スケジュールの中に試験を組み込んでもらう。現場には試験内容や手順の指示と説明をし、試験に立ち会う。品質保証課検査係に検査方法を指示してお願いする。上がってきた結果を分析し試験報告書を作成し、上司のチェックを受けて技術課等に報告し、審査を受けて試験終了となる。

表1.2 製鋼工場の課構成例

| 部署 | 専門 | 部署 | 専門 |
|---|---|---|---|
| 調達課 | 文系など | 施設課 | 機械系、電気系 |
| 製鋼課 | 材料系 | 情報システム課 | 情報系 |
| 圧延課 | 機械系 | 生産管理課 | 文系など |
| 技術課 | 各課経験者 | 経理課 | 経済・経営系 |
| 品質保証課 | 各課経験者 | 総務課 | 文系など |
| 各現場作業者 | 高卒者など | 経営企画課 | 各課経験者など |

### 1.3.2 他人の力を使えるのも社会人の能力

学業では、試験は学習達成度を測るのが目的だから、カンニングは達成度を見誤らせる悪い行為だ。しかし社会の仕事では、組織としてお客さんや社会に役立つことが目的だから、よりよい結果を出すためなら、仲間や上司、部下の力を借りたり使ったり、教えあったり協力しあったりすることも必要だ。例えば次のような人も、組織では役に立つ。

【例1.1】情報屋

その人に尋ねると、より有益な情報を持っていそうな人を紹介してくれる。

「こんなことがしたいのだけど」と相談すると、「それなら昨年、彼が調べていたよ」とか「あの部署が報告書を出していた」とか。そのような情報をくれる人がいると、実際すごく助かる。

### 【例1.2】リーダー
リーダーは、メンバーの力を借りて仕事を進めるのが仕事だ。

#### ◇仕事力 ＝ 1人で仕事する能力 ＋ チームワークに貢献する力
チームワークでは、他人の力を使うこともまたその人の能力になる。逆に、他人の力を使えずチームワークができなければ、たとえ個人の能力が優れていても仕事では負けるし、結果的にうまくいかず迷惑をかけることも多くなる。学力があって成績優秀でも、必ずしも仕事に成功しないのはそのためだ。

Q1.3a　あなたは、人によく尋ねる方ですか？
Q1.3b　あなたは、コミュニケーション力に自信がありますか？
Q1.3c　あなたは、社会性がある方ですか？

### 1.3.3　"Bad news first!" –「問題を一人で抱え込むな」
それぞれの人々や部署が互いに協力し依存しあいながら仕事をしているということは、1人の失敗が組織全体の大きな失敗や危機につながる可能性があるということだ。

そのため、日本では「問題を抱え込むな」という言葉で躾けられ、英米では"Bad news first!"と言われる。「悪いニュースは真っ先に知らせよ」という意味だ。

Q1.4　次の事例の担当者が、自分の失敗に気づいたとき直ぐ"Bad news first"を実践していたら、どのように問題が解決していただろうか。想像してみよう。

### 【事例1.4】遠足のバスを手配し忘れた旅行代理店の担当者
彼は大手旅行代理店の社員で、ある小学校の遠足を担当していた。遠足の前日、彼はバスを手配し忘れていたことに気づいた。「これはまずい」と思ったが、

彼はこの問題を1人で抱え込んでしまった。そして解決策を考えた。「そうだ、遠足が中止になればいい。」そして実行に移した。彼は小学校に脅迫状を送り付けた。

小学校では、脅迫状の内容が真に迫っていないことから悪戯と判断。予定通り遠足を実施することにした。

翌朝、集合した生徒や先生の前にバスは来なかった。そして担当者のミスとともに脅迫状のことも明らかになった。

彼は威力業務妨害罪で逮捕され、会社も懲戒免職になった。

## 1.4 間違いの重みの違い

### 1.4.1 間違いが悪影響を及ぼす仕事へ

学業で出会う問題は、仮想的で一般論でしかなく、社会人が出会う問題のような現実味がない。だからミスしても大した問題にならない（成績が下がるだけだ）。むしろ、白紙で答案を出すより"まぐれ当たり"を狙う方が期待値も高い。

しかし、社会人が出会う現実の問題は、「相手」がいる上に「先生」がいない。つまり、自分が出した答えが正解として通ってしまい、間違っていたらそれが次の工程（プロセス）に行き、顧客にまで届いてしまう可能性もある。そして少しのミスが、大きな損害や命を脅かす事故を起こすこともある。このことを次の2つの事例で確認しよう。

**【事例1.5】株式の大量誤発注事件**

2005年12月8日9:27、証券会社の担当者が「61万円1株売り」の注文を誤って「1円61万株売り」とコンピュータに入力した。

結果、市場は直ぐに反応し、9:30にはストップ安の57.2万円に張り付き、大量に買い注文した投資家や、株価急落を受けて保有株を売りに出す個人投資家などで証券市場は混乱した。

証券会社の担当者も85秒後に入力の誤りに気づいて取り消し操作を行ったが、証券市場のプログラムが受け付けなかった。電話連絡したが、証券市場は電話での取り消しに応じなかった。

証券会社は反対売買による買戻しに踏み切り、全ての売り注文は一気に売買が成立。株価は一気に高騰し、乱高下の後に10:20以降はストップ高の77.2万円にはりついた。

　証券会社の反対売買にもかかわらず96,236株はそのまま市場での売買が成立、証券会社の損失は409億円に達した（その後、証券会社が証券市場に損害賠償訴訟を起こし、証券市場側が107億円を支払っている）。

### 【事例1.6】耐震強度の計算ミス

　2005年11月に発覚した姉歯（元）一級建築士による耐震偽装事件は、約100件のマンションやホテルに被害が及んだ。その全容を調査する過程で、意図的な偽装ではなくミスによって建築基準法の定める耐震基準を満たさない物件も見つかった。うち2件は、建築基準法の最低ラインを1.00として0.54, 0.79だったという。

　これは偽装物件と同じ水準の重大さ、震度5でも大きく損傷するレベルだ。

　姉歯物件では多くのマンション住民やホテルが直接の被害者になったが、それだけでなく社会にも大きな不安を与えた。もしこの事件が明るみに出ないまま2011年3月11日の東日本大震災（東北地方太平洋沖地震）が起きていたら、津波だけでなくマンション・ホテルの倒壊が加わり、さらに大きな被害になっていただろう。

### 1.4.2　「×」を出さない訓練が足りていない

　学業では「○」を多くすること、難しい問題まで解けることに価値がある。しかし社会では「×」を出さないことの方が基本的に重要だ（図1.1）。

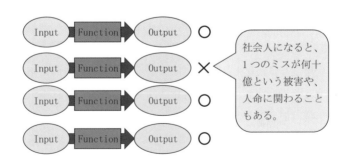

図1.1　社会人・技術者の"ミス"の重さ

「×」を出さないことの重要さは、金融機関の窓口に行けば分かる。お金を扱う行員たちは、必ず計算機を2度叩いて同じ答えになるのを確認している。それを習慣にすることで失敗を防いでいる。

高等教育を受けた私たちは、より高度な問題が解けることに価値があり、検算のような確認作業は二度手間で無駄なことと感じがちだ。また、問題自体がよく分からなくても、とにかく答えを出そうとしてしまう傾向もある。

しかしそのような感覚は、学業の世界でしか通用しない。社会に出たら、あなたの失敗が組織や顧客、社会の実害に結び付くことを考えねばならない。

## 1.5 三現主義〜実際に出会う問題は曖昧

学業で出会う問題は、仮想的で一般論でしかない上に、通りにしか解釈できず、かつ必ず正解が1つだけ定まるように作られている。それは学業の目的が、主に問題の解法（Function）を身につけることにあり、試験問題はその学力を測るのが目的だからだ。

典型的な教え方学び方は、まず法則や原理が提示され、その使い方を例題で学び、練習問題で訓練し、次第に難しい問題へと移っていく。試験では、難易度の異なる問題によって到達度を計る。

しかし社会人が出会う現実の問題は、その内容が明確に伝えられないことがほとんどだ。だから実社会では、学業で訓練が足りていない「問題理解（問題解釈）」のところで、誤解や思い込みが生じ、間違いが多く起こる（図1.2）。

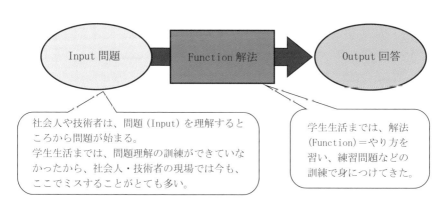

図1.2　訓練してこなかった"問題把握"

この訓練不足によって産業界は多くの失敗を経験し、痛い目にあってきた。それで「**三現主義（さんげんしゅぎ）**」という言葉を創り出し、問題状況を実際に確認することの重要さを強調してきた。

　「三現主義」とは、「現場に行き、現物を見て、現人＝（現場の人＝当事者）に話を聞いて、現実を確認せよ」という意味だ[2]。

　なぜ「三現主義」という言葉が必要になったか？それは、新人社員の問題解決方法案を見た上司が、「確かめたか？」と質問した時に新人社員が取る行動を想像すればわかる。学業を修め、その中で問題解決してきた社員は、「教科書で公式を確認しました」「ハンドブックでパラメータが適切なことを確認しました」で済ましてしまうのだ。
　しかし、現実にそこにある問題状況の認識が間違っていたら、その解決策がうまくいくはずがない。たとえうまくいっても偶然でしかない。
　上司の「確かめたか？」は、「問題状況を実際に確認したか？」という意味だ。でも「確認したか？」ではそれが伝わらない。だから「三現主義」という動作付きの言葉を創り出した。
　ここで、今の自分の問題解決力をQ1.4【事例1.7】で試してみよう。

Q1.4 （必須）次の事例の場合、あなたならこの問題をどのように解決していきますか？

【事例1.7】駐車場の横に植えたばかりの木[3]───────
　学校の駐車場の横に8月中旬に植えたばかりの木がある。高さは約4m。それが9月初旬に来た台風で倒れ、駐車場枠内の自動車を傷つけた。木をもとどおりに起こしたが、1週間後に来た台風でまた倒れた。今度は反対側に倒れたので車等に被害は無かった。教授から「これは問題だから解決しなさい。予算は1万円、納期1年で」と指示された。

---

2 ふつう「三現主義」には「現人」は入れず、他の3つの「現」で三現主義と言う。「現人」を入れるのは畑村洋太郎の提案だが、「当事者に聞け」を明示している点で、著者としては「現人」を入れる畑村案の方がよいと思う。

3 池田満昭『技術者を目指す若者が読む本』東京図書，2006年 – 第2章の問いに基づく。

## 1.6 協力して問題に取り組む

### 1.6.1 人は無知を多く残したまま社会に出る

　学業を高等教育まで長く続けていると、「社会に出る前に必要なことはすべて教えてもらえるもの」と勝手に思い込むことがある。実際は、人生で出会う問題のほんの一部を習うに過ぎないので、どんな人もある程度以上に無知なまま社会に出ていく。むしろ自分が何を知らないのか、分かっていないのかといったことすら分かっていない、と言った方がよい。

　学びは学生までで終わるのではない。社会に出てからの方が学ぶべきことは多い。そして一番簡単に学ぶ方法は人に尋ねることだ。特に、自分では全く手掛かりの無い問題や、経験がない場合、詳しい人が近くにいる場合には、尋ねるのが得策だ。

　学業の場面では、質問するのを恥ずかしがる人もいる。しかし社会では知らないのが当然なのだから、はっきりわからないことや困ったことがあれば、詳しい人や適切な窓口に問合せて、さっさと解決すべきだ。そのような態度が、直面している問題をあいまいにせず、正しく向き合う姿勢につながる。自律的に積極性をもって生きていくためには、他人の力を借りることが不可欠なのだ。

　犯罪事例の多くを思い起こせば、一部の悪意を持った計画的な犯行以外、多くの犯人は孤独だったり、問題を1人で抱え込んでしまったりしている（例えば【事例1.4】）。

　その意味で、コミュニケーションの実践力は、生きていく上で基本的で大切な倫理的スキルだ。コミュニケーションで仲間を作り、相談して力を合わせることが、仕事だけでなく社会生活全般にとっても大きな力になる。

　そして、コミュニケーション力は実践によってしか身につかない。だからできるだけグループワークやディスカッションをしよう。

★グループワーク・グループディスカッションの進め方
　〇グループディスカッションの場合、グループは4～6名程度がよい。議論

への全員参加が可能で、一巡する時間も短く、議論を深める時間も取れる。グループワークについては、課題の種類や難易度、メンバーの専門や力量に応じて適切な人数や組み方があるだろう。
○グループディスカッションを始める前に、自分の意見を短くまとめておこう。そうすれば、全員がまず自分の意見を述べるところから始められる。
○最初に自己紹介しよう。所属・番号・氏名だけでなく、自分のことを印象付けるように、自分を形容する話題やエピソードを自分らしく表現する。ディスカッションやワークのテーマがあれば、その内容に沿ってアレンジしてみるのもよい。実際に自己紹介が必要になるのは相手も場面も様々だから、自己紹介のレパートリーを増やすことも心掛けよう。
○グループディスカッションやグループワークは全員参加が基本。参加しない人は低く評価されるのが普通だ。また、目的を達成する上での貢献が大きい人は高く評価される。

◆ 2章に向けた個人課題 ◆

☆次回がグループワーク・グループディスカッションの場合
課題① 1分程度で、就職先や進学先のメンバーに自分を印象づけたり理解してもらったりする「自己紹介」を考えてくること。
課題② 提示された問題を自分なりに考えてくること。
　問題例：問1．（工学）研究者と技術者との、共通点と相違点
　　　　　問2．技術者として倫理を学ばねばならない理由
　　　　　問3．技術者が一般教養を学ばねばならない理由

☆次回が通常授業の場合の課題
「創意工夫」や「試行錯誤」という言葉は、試験問題を解くときより、実際の生活や活動の中で出会う問題を解決するときの方がよく当てはまる。その理由を考えてくること。

# 第2章 実践に役立てる学び

　高等教育の専門科目は、社会の中で仕事や生活に役立てるためにある。専門科目は難しく、誰もが学ばねばならないほど汎用性は無いし、全ての科目を学べるわけもない。だから現代社会は専門家を必要としている。皆さんは、社会に出て役立つために、社会の中で何らかの役割を得て働き生きるために、高等教育を学び始めている。

　一方で「勉強は自分のため」とも言われる。これは「良い点数を取るための、自己目的化した勉強も自分のためだ」ということではない（クイズ王にでもなるなら別だが）。実際に出会う問題を適切に解決できるようになり、社会生活や産業活動の中で何かができるようになるのが勉強の目的だ。

　では「使えるように学ぶ」とはどういうことか？そしてそのためにはどういう学び方をすればよいのか？これらについて以下で考えていこう。

## 2.1 問題解決力

### 2.1.1 問題解決力の確認

　前章Q1.4「駐車場横の倒れた木の問題をどう解決していくか？」への回答から考えていこう。

　この問題は専門的な知識など不要な、技術的にも簡単そうな問題だが、実際に出てくる回答は様々だ。分類すると次の3種類くらいに分かれるだろう。

　1番多い種類の回答は、具体的な解決策を提示するものだ。単数回答と複数回答を合わせると、クラスの70〜80%を占めるだろう（具体的な回答例を表2.1に示す）。

表 2.1　Q1.4 回答に出てくる具体策（例）

> ・支柱・ロープなどで固定・補強する
> ・根元を固める（コンクリート・土盛など）　・深く植えなおす
> ・別の場所に植替える　・切り倒す・撤去する
> ・別の倒れ難い木の種類に変える
> ・根付き促進する（土壌改良剤・肥料・水やり）
> ・枝打ちする（風抵抗を減らす・低くする）
> ・駐車禁止にする　・駐車場を移動する
> ・柵・囲い・屋根などで倒れても傷つけないようにする
> ・注意喚起の看板表示（強風時倒木注意、強風時駐車禁止など）
> ・風をさえぎる　・台風の季節が過ぎてから植直す
> ・その他（業者に発注する，予算増をお願いする，断るなど）

2番目に多いのは、「～の場合は○○する、～の場合は△△、…」といった、場合分けした具体策列記型だ。クラスの5～30%がこのような回答かと思う。1番目の回答と合わせると、具体策を含む回答が95%以上にもなるだろう。

そして3番目が、具体策ではなく対策の手順を書いたもので、全体としては30%くらいまでのことが多い。中でも具体策に全く触れていないものは10%くらいにしかならず、学年が低いほど少なくなって、大学初年度相当ではほぼゼロのこともある。

実は3番目で、具体策が無く手順のみが書かれた回答が最も望ましい回答だ。

以下、なぜ手順のみの回答が望ましいのか、そして他の回答を出した人がどのような問題を抱えているかを説明していこう。

### 2.1.2　様々な具体策とそれぞれの問題解釈

まず、表2.1を見て、自分が思いつかなかった具体策を確認しておこう。そして、それぞれの具体策には、それが成り立つような前提条件があることも。

例えば、最も多い「木を固定する」策は、木がまだ根をよく張っていないから強風で倒れたという前提がある。「ロープで固定する」策は、ロープを掛けられるような堅固な建造物が周りにあることを想定している。「別の場所に植え替える」は、木がその場に無くてもよいことを前提しているし、「切り倒

す・撤去する」は木が必ずしも必要ないことを前提している。

実は、具体策だけを回答した人は、これまでの教育の影響を深く受けている。学業で出会った問題は、全て机の上、紙の中で解決できたからだ。出された問題文には問題状況を理解するための全情報が書かれおり、それを解けば問題解決できた。そして問題文の多くは習った知識を使うことが暗黙の裡に前提されているから、自然に思いついた方策で解けばそれが正解になった。具体策だけを答えた人は、それと同じく、自然に思いついたアイディアを答えたのではないだろうか。

しかし実際には、表2.1に示したような多様な回答がある。問題文には問題状況についてすべての情報が書かれてはいない。だから、各自がそれぞれ勝手に前提条件を付け加えたのだ。

2番目に多かった「〜の場合は〇〇する」という具体策の列記型は、場合分けが必要なことを想定できていた点については評価できる。

### 2.1.3 「現場・現物」で問題を確認する

「この問いは情報不足のため解決できない」という回答もあったかもしれない。もしQ1.4が「解決策を答えよ」という問いなら、このような回答も正解だろう。しかし問われているのは「この問題をどのように解決していきますか？」だ。これは、解決策ではなく、解決のためにすべきことの手順を問うている。

実際に「問題だから解決して」と頼まれる状況を想定してみよう。その時、依頼主はあなたに問題状況を細かく正確に伝えたりはしない。せいぜいQ1.4に示した程度の情報を伝えてくれればよい方だ。そのような情報不足の問題に取り掛かるとき、最初にすべきことは問題状況そのものを三現主義で確認することだ。

現場に行って現物を見、問題状況を把握すれば、根腐れを起こしていたり、土壌が深い砂地で不適切だったり、ロープを掛ける建造物がなかったり、ビル風で強風になる場所だったり、駐車場の余裕が無かったり、人通りが多いところだったり、そういう問題文に書かれていない具体的な状況が三現主義による確認作業で見えてくるはずだ。

## 2.1.4 「現人」でさらに問題を確認する

　しかし、現場に行くだけで問題状況の全てがわかるわけではない。例えば、この木は同窓会の記念植樹かもしれない。それを知らずに「切って撤去し」たり、「別の場所に植え替え」たり、「別の木の種類に変え」たりしたら、その対策は別の問題を引き起こしてしまう。

　具体策列記型の回答で、「木が必要なら」という条件を書いた人は、木を植えた目的や経緯も配慮できるかもしれない点で評価できる。

　ただ実際これを確かめるには、「現人＝当事者」、この場合は学校の敷地に木を植えるのを許可した総務部門に問い合わせる必要がある。問題状況の確認は、現場・現物を見るだけでは十分ではない。そうなった経緯や理由、事情も、「現人＝当事者」に尋ねたり記録を調べたりして確認する必要がある。

☆原因と経緯を明らかにすること

　2.1.3では原因を明らかにすること、2.1.4では経緯を知ることが重要なことを確認した。

　原因調査は適切で効果的な解決策を立案するためだ。原因がわからなければ対症療法にならざるを得ず、本当の原因が残って完全には解決できないかもしれない。

　経緯の調査は、どんな事情でその問題が発生し、誰に責任があるかなどを明らかにする。経緯を調査すれば、例えば同窓会の記念植樹だと分かる場合もあるし、また管理者に無断で「誰か」が植えたことが分かる場合もある。もし後者だったら、物理的には木を撤去して原状に戻せばよいが、それはあなたがすべきことでなく、管理者が「誰か」に、傷つけた車に対する損害賠償請求や木を撤去して元に戻すように訴えるべきことかもしれない。

　このように、問題解決には物理的な問題解決（原因を明らかにすることで効果的解決につなげる面）と、人間関係の中での社会的な問題解決（経緯を明らかにすることで適切な者が適切に対処する面）とが重なっている。

　「相手」のいない机上の問題に慣れた私たちは、特に社会的な人間関係の中の問題解決の側面を忘れがちだ。仕事で出会う問題、課題を生み出している問題は、全て人間関係の中で発生し解決すべき問題なのだ。そのことを理解しておこう。

### 2.1.5 真の問題を考え設定する

「強風で木が倒れて自動車を傷つける」というのは、教授の解釈に過ぎず、それが十分な捉え方だという保証は無い。これも、実際に「問題だから解決して」と頼まれる状況を想定すれば、よくあることと分かるだろう。依頼者はほとんどの場合、問題状況のほんの一部しか伝えてくれない。そしてその問題状況の全てを最も理解できているのは、三現主義で調査した自分だ。

例えば、人通りの多いところだったら、車だけでなく人がケガしないようにすることも問題の中に入れるべきだろう。また、教授から「1年以内に解決せよ」と言われても、1年以内であれば再び車に傷付けてもよいわけではないはずだ。そう考えると、例えば木の根付きを待つにしても、併せて強風時の注意喚起の看板も必要かもしれない。

自ら調査し理解した問題状況から、まず自分が責任をもって解決すべき範囲を明確にし、その上で問題を解釈し直して、解決すべき真の問題を再設定する。

問題の(再)設定とは、何を解決しなければならないか、何を制約条件とすべきか、何をどんな範囲でなら自由に変えてもよいか、どんな責任関係の中で解決するのか、それにいつまでにどの範囲まで解決しなければならないか、などを定義することだ。このように、実際の問題に取り掛かるときの最初の課題は、「問題は何か」を特定し、問題設定すること。そのためにまず三現主義で問題状況を確認する必要があるのだ。

### 2.1.6 解決策を創造し選択する

問題設定ができてはじめて解決策が考えられる。設定した問題を解決するために、自由に変えてもよいモノを使い、許される範囲内で解決策を創造する、そして最もよい解決策を選択する。

解決策を十分に検討し、極力失敗しないようにするため、過去の経験に学び、プロや経験者の知恵を借りる。

過去の失敗情報は、同じ失敗を繰り返さないのに役立つ。経緯の中で過去の失敗情報がある場合もある。また他者の経験に学び、知恵を借りることも大切だ。

◇問題解決力の訓練◇
社会人が実際に出会う問題に正しく向き合い解決策に導くには、1.3～1.6に

示したような手順を踏んでいく必要がある。しかし、このような、実際の問題状況から問題を再設定・定義する訓練は、学業の中ではあまり行われてこなかったのではないだろうか。

「応用力」の訓練も紙上の応用問題を解くだけだったかもしれない。実際の問題を解決する力（問題解決力）には、問題状況の三現主義（"現人"や経緯の調査を含む）による調査力と問題解釈力、慎重な調査を含め具体的な解決策を創出する力が関わっている。

### 2.1.7 関係者に報告し了解を得る

実際に社会人が直面する問題の特徴は「相手」がいることだ。「相手のいる問題」の解決は、適宜「相手」の了解を得て進める必要がある。「相手」への説明と了解が、自分の調査不足や認識違い、解決策の不十分点を見つけ出す、見直し（review：レビュー）の機会にもなる。

もし、教授に言われたからと、自分で調査し策を考え出しただけで即行動に移すなら、教授にも管理者にも無断で木に手を加えることになってしまう。

レビューの観点からすれば、2.1.3での調査の第一報と2.1.4を含めて問題状況の調査終えた時点、あるいは2.1.5の問題再設定・定義が終わった時点で、まず教授に報告する。そして2.1.6の解決策を考えた時点で、教授とすべての関係者に説明し、了解を取ってから実際の作業に取り掛かる必要があるだろう。また作業が長期間を要する場合には適宜教授や主要な関係者に進捗状況を報告する。そして最終的に解決できたら最終報告し、現場を見せて問題解決完了を確認してもらう。

実際の問題解決では、そういった依頼主や関係者への配慮も必要だ。

### 2.1.8 手順

以上の手順をまとめると図2.1のようになる（簡単な問題状況なら、いくつかの作業と報告をまとめ簡略化することができる）。

| 問題解決の作業 | 報告(レビュー) |
|---|---|
| 問題の発生を知る | 自分が発見者の場合は、適切な連絡先に報告 |
| 「現場・現物」で問題状況を確認する<br>〔物理的に解決すべき問題を知る〕<br>「現人(当事者)」に話を聞き、<br>問題の状況と、経緯や理由、事情を調査する<br>〔人間関係の中での問題を知る〕<br>(必要と判断される場合、記録を調査し、<br>　経緯や理由、事情、過去の経験を知る) | 依頼者に問題調査の第一報を報告<br>(中間報告:適宜) |
| 解決すべき真の問題を設定する<br>〔誰が解決すべき問題かを明確にし、<br>　自分が解決する問題の範囲を判断する〕<br>〔解決しなければならない問題は何か<br>　何を変えてはいけないか(制約条件)<br>　自由に変えて使ってよい範囲はどこまでか<br>　いつまでにどこまで解決すべきか(期限)〕 | 問題状況の調査結果と真の問題、問題解決への方針を報告<br>(中間報告:適宜) |
| 解決策を創造し選択する<br>(必要に応じて、<br>　過去の経験に学ぶ(経緯、失敗情報、成功例)<br>　他所の経験に学ぶ、プロの知恵を借りる) | 解決の方法と計画を報告<br>作業開始の報告<br>(進捗報告:適宜) |
| 問題を解決する | 完了報告 |

図 2.1　問題解決の手順

---

☆グループディスカッションは、ここで行う。

　ディスカッションテーマ:◆2章に向けた個人課題◆

　この章のこれ以降の部分は、ディスカッション終了後に各自で確認し、次回の冒頭で共有しよう。

---

## 2.2　専門的な業務能力を身につける

### 2.2.1　創意工夫・試行錯誤の創造過程

前章Q1.4で具体策を回答したとしても、それは最初のアイディアに過ぎないだろう。実際に実行するためには、より具体的な調査や検討が必要だ。その過程は前節2.1.6「解決策を創造し選択する」過程だ。

例えば「ロープで固定する」というアイディアでは、「どこに固定できそう

か」を調査し、「どんなロープを使えばよいか」を考え、実際に入手可能なロープから適切なものを選ぶ必要がある。強度や太さ、寿命、価格などの仕様を比較したり実験や測定をする必要があるかもしれない。次は実際の作業方法や手順を、その次にも準備すべきことや誰がやるかなどより詳細なことを検討していくだろう。

このように、実際の解決策を考え出す過程は、紙の上の問題を解くときの「問題→解法→回答」という一直線の思考過程ではない。創意工夫し試行錯誤しながら進む創造過程だ。この過程は図2.2に示すように、いつも実際の問題状況と対話しながら、解決策を見直し続ける反復的な過程になる。そして問題を解決する合格ラインに到達したとき、その答えが実際に取るべき解決策になる。

このような問題解決の過程を、エンジニアリング・デザイン（engineering design）と呼ぶ[4]。

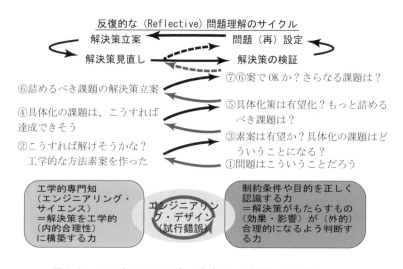

図2.2 エンジニアリング・デザイン（創造）の過程

---

[4] エンジニアリング・デザインの意味は、日本では様々に解釈される傾向がある。それはdesignが意匠（デザイン）と混同されていることによる。エンジニアリング・デザインのdesignは「設計」と解すべきで、設計とは現実に役立つ人工物やシステムを構想する行為のことだ。その過程の特徴は、ここで述べたように対話的あるいは反復的であることだ。ただ、意匠に配慮した「設計」と解釈する場合でも、利用し易さや社会に受け入れられる要件への配慮を強調する面があり、作る側が作れればそれでよいという発想ではなく、使う側を考えた発想になっている前進面がある。そこに反復的な試行錯誤が用いられていれば、本来のエンジニアリング・デザインに沿った内容になっていると考えられる。

前節の2.1.6の過程だけでなく、2.1.3〜2.1.5の「三現主義による問題確認」と「真の問題を考え設定する」過程も、エンジニアリング・デザインの最初の段階になっている。問題解決の解決策を作り出し改良していく過程は、問題状況の調査と検討、解決案を実施するための詳細な調査など、問題状況そのものへの理解を解決策の面から深めていく過程でもある。

◇エンジニアリング・デザイン力の訓練

エンジニアリング・デザインの力を付けるには、問題状況との対話的なプロセスを含む解決策創造活動の実践、創意工夫と試行錯誤の実践訓練が必要だ。どんなに小さな問題でもよい。自分以外の者（顧客）にとっての具体的な問題状況に対して、創意工夫して解決策を練り、前説2.1.7の了解を取るのと同じようなタイミングで発表する。そういう演習を高等教育までの間に一度経験しておくことが望まれる。

## 2.2.2 専門的業務の能力構成

どんな専門業務にも専門的な知識や能力が必要だ。だから各学部・学科では専門教育がなされる。しかし専門的な知識や能力だけでは現実の問題を正しく解決することはできない。前項のエンジニアリング・デザインもそうだが、そのためにも「問題は何か」をいろいろな面から理解する能力や、組織や社会の

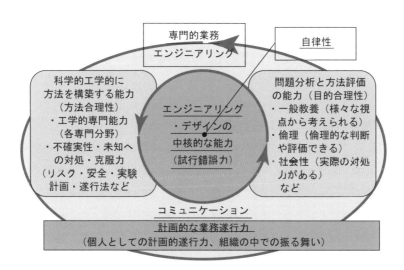

図2.3　エンジニアリング業務の能力構成[6]

中でうまく振る舞う能力、倫理、組織的で計画的に行動する能力が必要だ。また、専門的な業務に伴う不確実性（リスク）への対処力も必要。そして何より自ら主体的能動的に活動し責任を持つことができる自律性が要る。

そのエンジニアリング業務を構成する能力知識の全体像を図2.3に示す。

### 2.2.3　専門的能力を高める

#### (1) 基本的な手法を身につける

専門家がそう呼ばれる基本的な理由は、その分野の問題に対して専門的な知識を持ち、理解し、解説やアドバイスができたり解決方法を構築できたり、実際に解決できたりするからだ。

前章-Q1.4を考えた時、直感的に具体的な解決策を思いついたのは、問の答えとしては適切ではなかったが、実は専門的な能力の大事な構成要素だ。例えば弁護士なら、六法全書をいちいち確認しなくても、相談者の話を聞きながら法的問題に大体の見当をつけられなければならないのと同じだ。技術者でも、数学と専門分野の基本的な知識と能力を持ち、具体的な問題について専門分野からの解決策に見当を付けられなければならないし、いったん問題が確定したら普通に作業として解くことができなければならない。そのような能力はその人の専門性の根拠だ。またグローバル化した現代では、語学も専門的な能力のうちに入れるべきかもしれない。

これらを特に悩まなくてもできるようになる練習や訓練、習熟は、これまでの学業の取り組み方と同じだ。ただ、次のような視点があれば、その勉強の意味を将来の自分に役立つものとして、積極的な動機をもって取り組めるだろう。

#### (2) 実際の問題状況に結び付けて学ぶ

専門分野の学問は、特に実学の場合、これまでの様々な問題解決の歴史の中で、解決策を探究し実践してきた知的成果だ。実際に教えられる知識や方法は無味乾燥に感じられるかもしれないが、その背景には人々の様々な苦闘や解決の取り組みの歴史がある。そのエピソードに興味を持てば、今の科学・技術に至る専門家たちが積み上げてきた努力も実感でき、自分の勉強の目的や目標をより明確にできる。また、現在起こっている進行形の問題に目を向けることでも、実際に問題解決する目的意識を持つことができ、具体例に即して学ぶこと

ができるだろう。

#### (3) 方法を構築する知恵と演習

実験、実習、演習の多くは、実技を身につける目的で、訓練として行われる面がある。それ自体は(1)の教育内容として習熟に努めよう。

それと同時に、実験法など探求活動を理論的あるいは実践的に学ぶ面もあるだろう。実際には既に完成された実験方法をなぞって行うことが多いが、むしろその方法がなぜ合理的なのか、どう合理的なのかを理解することの方が大事だ。実験課題をこなすことに加えて、どうしてそのような方法を取るのかを考えよう。

#### (4) 危険やリスクへの準備と対処

実験、実習、実技演習には、多少なりとも危険が伴う。また実際の問題解決にも100%は無く、不確実性にはリスクが伴う。そうした不確実性や危険、リスクへの対処法を学んでおくことも大切だ。この面の教育が日本ではまだ弱いから、本書ではその基本を第Ⅲ部で扱う。

なお、カリキュラムに危険やリスクに対処する知識教育や実践教育が準備されている場合もある。そこでは社会人や専門家が実際に直面する危険やリスクが具体的に述べられ再現されていることも多く、そこから実際の仕事の様子を知る手がかりが得られることもある。

### 2.2.4　計画的実践法とチームワーク

#### (1) 計画的実践法

日々を計画的に過ごすことは、様々なことを成功に導く大切な手段だ。学業が中心の学生生活でも、自分の卒業時のあり方を想定しながら、そのゴールに向かってある程度の計画を立て、日々の生活習慣も確立していきたい。

計画は自分を統御しながら目的を達するために立てるもの。日常の中でも計画的実践を心掛け、そのことによって自律性を養っていこう。

#### (2) チームワーク

仕事は組織的に行うもの。だから、他人と力を合わせて何かを実現するチームワークを多く経験しておきたい。

チームワークを取り入れた教育にも、メンバーが対等な関係にあるグループディスカッションやグループワークから、問題解決型のチームワーク（PBL: Problem Based Learning）、役割分担して進めるプロジェクト的な取り組み（PBL: Project Based Learning）、多分野・異分野のメンバーによるPBLまで様々なレベルがある。

チームワークではチームの計画に自分の計画を合わせたり、メンバー間で課題や計画を調整したりしながら進めることになる。報連相（報告・連絡・相談）などのコミュニケーションも大事になる。

特にPBLを取り入れた教育にはできる限り参加しよう。その中で本章第2.1節のプロセスが実践できればなおよい。

### 2.2.5 一般教養
#### (1) 経営・経済・政治

専門的な業務は、多くの場合、同時に経営活動の一部であり、経済活動でもあり社会活動でもある。例えば企業で開発業務に携わる場合、その経営的な価値が常に問われるし、経営状態に左右されることにもなる。経営状態は経済状態に左右されるとともに、その組織の経営は経済状態を構成する1つでもある。

政治は、法制度や行政指導などによって経営方法や従業員の扱い、リスク管理などに直接間接に影響する。また市場のあり方や医療・介護・福祉・まちづくり・インフラ整備、災害対策など、企業・組織活動にとっても個人生活にとっても、その枠組みは政治によって決められる。各個人は、政治に政治的市民的に自由な活動と参政権によって参画する立場でもある。

こうした経営・経済・政治に必要な素養は、全ての国民・市民に共通だ。しかし、専門職業者には、責任のあり方も含め、それぞれの専門性や立場に特有な関わり方も生じてくる。例えば弁護士と教師とでは、経営・経済・政治との関わり方は違うだろうし、同じ技術者でも開発と設計、製造に携わる業務の違いや、公企業と私企業との間でも違うだろう。

学業生活では、学業に専念できるように経営・経済・政治の問題に煩わされないような環境が配慮されている。しかし社会に出れば、経営・経済・政治に直接的な影響を受け、また関わることになる。

高等教育以前の教育で学んだ政治経済や社会科なども、本来は社会生活を営

む上で必要な基礎や素養を身に付けるのが目的だ。だた、受験という目的のためにその目的が少し疎かにされてしまっていたかもしれない。高等教育という学業の最終段階にある今こそ、経営・経済・社会の基本をもう一度思い出し、現在起っている経営・経済・社会の問題に興味を持っていきたい。

## (2) 文化・地理・歴史

　専門家が取り組む問題は、たとえ物質的で工学的な問題であっても、誰かが困っていたり誰かに役に立ったりする問題であり、誰かが引き起こした問題かもしれない。その先に、人々や社会にとっての様々な価値が関わっており、また背景的な原因を作っているかもしれない。逆に、そこに人々や社会にとっての価値がなければ、工学的専門的に取り組むべき問題にもならないし、人間関係の中で自分が取り組むべき問題にもならないだろう。

　専門家の仕事の第一義的な目的は、「相手」の問題を解決することだ。その問題は「相手」が感じている問題、「相手」にとって価値ある何かが損なわれている、損なわれつつある、あるいは得られるべき価値が得られそうにならなくなることへの不安、といった問題だ。しかしあなたがその「相手」にとっての価値や問題を理解できなければ、あなたが「相手」にうまく役立つことも難しくなるだろう。

　また、問題には文脈がある。文脈とは場面に特有な諸関係の経緯のことだが、同じ事象でも文脈が違えば意味や価値が違ってくる。例えば、改善の途上で起こる"よりまし"なトラブルと、悪化しつつある中で起こる"軽微な"トラブルでは、現象が同じでも意味が違ってくる。

　人々や社会はそれぞれ歴史の文脈の中で生きている。またモノさえも文脈の中にある（例えばQ1.4では、その木がどのような理由や経緯でそこにあるのかによって、問題が変わった）。その人、地域、社会、モノにもそれぞれの歴史があり文脈がある。それは単に物質的な生活や、科学技術だけでなく、文化的なものや社会的な事件や経験も織り合わさった文脈だ。

　現在進行形の問題も、文化的なものまで含んだ文脈の中で起きている。そして専門的な業務も、そうした問題に否応なく関わっている。

　今起こっている事件やニュースを、文化やその地域の特性、特有の歴史や全体の歴史、文脈の中で捉えていけるように、興味の幅を空間的時間的社会的に広げていきたい。そのことによって、人が社会的に生きていくことの意味をよ

### (3)心理学・哲学

役立ててもらう相手だけなく、自分自身も人である。社会での振る舞い方を考えるには自分も含めた人を知ることが大切になる。

また、自分を相対化し、より普遍的な考え方や倫理的に考えることも、他者から見て正しい行いをする上で力になる。

心理的や哲学、あるいはマネジメントは、人と組織を理解するために役立つだろう。

**Q2.2** 自らの専門分野（学問でも実践）でも、実践・開発の場や社会との接点で、技術的でないことでの問題解決や配慮をしてきた歴史的なトピックがあるはずだ。調べてみよう。

### ☆一般教養を学ぶのは今

高等教育で専門科目を学んでいると、それだけで大変なので、「広く世間のことを考えるのは社会に出てから」と考えたくもなる。しかし社会に出ると、自分の仕事に関することでもっと学ばねばならないことが出てくる一方、社会や世界のことや一般教養に興味を持つことも少なくなる。自分の業務で出会う範囲のことや影響する範囲のことのうち、自分に降りかかってくることだけに視点が狭まるからだ。

そして、基本的な知識も教養も無ければ、どう学べばいいか分からないし、それ以前に興味も沸きにくくなる。逆に基本的な知識や教養があれば、様々なことに興味が持てるようになる。それが"素養"の力だ。

人が一定時間内に学べることは限られている。その中で学生の間は（老後を除けば）人生の中でも一番自由に時間が取れる期間だ。今の（広い意味での）学びが、今後の人生をより豊かにしてくれる。より豊かな"素養"を身に付けるためにも、一般教養を学ぶとともに、いろいろな人と話し合ってもらいたい。

### 2.2.6 実践

クラブ・サークル、ボランティア・社会貢献、アルバイトなどの活動は、い

ずれも2.2.3〜2.2.5のどれかの実践になっている。またインターンシップは、企業活動の中から社会人生活を直に見て体験できる貴重な機会だ。

　留学は、グローバルな活動の実践経験であるとともに、これまで生まれ育ってきた社会の外から、自らの生き方や社会を眺め直し捉え直すよい機会でもある。これまで気づかなかった自分（達）の強みや弱み、特徴を発見することもできるだろう。

## 2.3　色々な人と話し合う・議論する

　これまでの中等教育では、基礎的なことを習得してもらうために、"先生-教える側／生徒-教えられる側"という関係があった。

　しかし高等教育で学ぶ学問は、いずれも研究者や実践家が様々な見方、考え方、学説を提出し議論してきた成果だ。社会に出ると自分個人としてだけでも様々な気づきがある。しかし自分だけでは考えが広がらないし、考えが纏まるまでに時間がかかる。それを議論によって効率よくかつ深く検討し結論付けてきたのが学問研究の世界だ。

　また、社会実践はすべて新しい問題に出会い、悩みながらも取り組み克服していく創造の過程だ。それを効率的にうまくこなしていくには、学問研究と同じく、話し合いや議論をする必要がある。

#### ◇議論とは

　議論は、単なる意見のぶつけ合いではない。互いに知っている事や見方や考え方を知り、その上でより正しい認識や判断を生み出す過程だ。もちろん平行線をたどる議論もあるが、まずは互いに相手の問題意識や意見を理解しようとする態度が前提になる。そうすれば、議論そのものが噛み合い、よりよい結論が出せるだろう。

　どんな意見にも根拠となる基本認識があり、その認識を得た情報源や体験がある。そこから論理が組み立てられ、何らかの価値判断が加わってそれぞれの意見が生まれる。議論の中では、他人の基本認識や論理の組み立て方、大切にしている価値など、自分と違うものに出会えるはずだ。

　「議論の目的は1つの結論を得ること」と考えがちだが、「学び」が目的の

議論では、1つの結論にする必要も無い。各々が自分の考えを広げたりまとめたりできれば、それが学びになっていく（もちろんPBLなどのチームワークでは1つの結論を出す必要がある）。

※　相手への人格攻撃は議論をダメにする。このような行為は議論以前の問題だ。議論では、あくまで相手を互いに尊重するのが最低限のルール。これはどんなに敵対関係にある相手との交渉にもあてはまる。もし議論している内容を外れ、他の発言者の人格を問題にして非難するなら、その人こそが議論に加わる資格が無く、議論から排除されても仕方がない。

※　議論は実践だから上達には実践経験が要る。グループディスカッションでは、他の人の意見を聞き、できるだけ理解するように努めよう。その上でできるだけ噛み合った議論になるよう発言しよう。そう心がけることによって議論の仕方が分かってくるだろう。

◆3章に向けた個人課題◆

優れた専門家、信頼できる専門家とはどのような専門家だろうか。その条件を考え、列記してみよう。

# 第3章 専門業務従事者の責任と能力

　技術者をはじめとする職業人、社会的な何らかの役割を担っている社会人は、様々な責任を負っている。また信頼に応えるために責任を負えるだけの能力を備えることも期待される。
　ここでは責任と能力の観点から社会人・技術者の専門性について考えよう。そしてより具体的に社会人・技術者生活のイメージを持てるようにしよう。

## 3.1 組織の分業とやり甲斐

　第1章【事例1.3】表1.2で例示したように、技術者の仕事は組織的に分業している。
　学校生活では、チーム活動で分業しても、各メンバーの専門性に大きな違いはない。そのためチームの中では個性的であるより同調的で目立たない方が良いイメージがあったりするが、社会人・技術者の分業のイメージはだいぶ違う。そのことをまず次の事例で考えよう。

【事例1.3】自動車開発の最前線（仮想事例）
　エンジン開発の担当者として、あなたは高回転高出力の新型エンジンを開発したとする。それを積んだ市販車が世に出るまでには多くの人々の協力が必要になる。
　まずエンジン単体の性能を確認するには、試験の担当部署の協力が必要だ。その後、実車に乗せる実験では適切なテストコースが必要で、テストドライバーが乗り込み、問題がないかを確認する。
　次は新車の設計だが、エンジン性能に合わせて、駆動系、ブレーキ系、サスペンション、車体の強度や空気抵抗、安全装置など、様々な検討や開発が必要

になる。部品メーカーでも開発が行われるだろう。それらの新しい技術は、試作車に組み込んで確認することになる。

　新車ができたら今度は生産ラインを設計しなければならない。部品メーカーでの生産ラインも、組立工場のラインも、新設計の自動車に合わせて設計される。どうしてもうまく組付けできないところは、製品設計に戻って見直すこともある。また各生産工程の検査項目や合格基準を適切に設定することも必要だ。

　生産ラインの稼働初期には、初期流動管理といって、生産ラインがトラブルや品質を落とすことなく確実に動くかどうかの確認と、不具合箇所の改善が行われる。

　またディーラーなどへの整備マニュアルの作成があり、その不具合箇所の洗い出しや改善も必要だ。


　このように、技術者が1つの新しい技術を開発し、製品として世に出すためには、様々な専門的な分業者たちがそれぞれに新しい工夫や改良を行い、あるいは新設計をし、知恵と汗を注ぎ込まねばならない。その創造的な業務のどこにも大きな間違いがない場合だけ、最終的な技術・製品がうまく機能する。

　逆に言えば、たった1人の技術者、たった1つの部門の仕事の間違いが、他の全ての分業者・部署の努力を無駄にしてしまう可能性もある。そうした互いの仕事への信頼があって初めて成り立つのが技術の組織的活動、分業の現場だ。

　そのため、最初の新技術（エンジン）の開発者だけでなく、関係したすべての分業者・技術者が、その新製品（新車）が実現できたとき、それぞれの立場で喜びを感じる。それは達成感だけでなく、互いの信頼を深めあうことによる喜び、このような仲間とチームで仕事ができたことへの喜びでもある。それぞれの役割を受け持つメンバーは、その責任を負うからこそ、チーム仕事ならではの大きなやり甲斐を感じることができる。

　このようなことは社会の中でも同じだ。社会の中で信頼を得るためには、それに応える責任を負わねばならないが、実際に仕事で社会に役立つことによってやり甲斐を感じる。人は、他人や社会に認められたとき、また実際に役立っていると感じたとき、社会の中で生きていることを実感し、生き甲斐を感じる。

## 3.2 頼りになる専門家になる

　組織の中でも社会でも、専門的業務の従事者は「頼りになる専門家」になることを目指したい。そうすればやり甲斐や生き甲斐をより感じられるようになる。
「頼りになる専門家」とは、期待以上のことをしてくれる専門家であり、してはいけないことや望ましくないことをしない専門家だろう。そのような「頼りになる専門家」になるために、どうすればよいか？
「経験さえ積めば必ず良い専門家になれる」わけではない。同じ長年月働いている職業人でも、素晴らしい人もいればそうでもない人もいる。その違いは経験の積み方だろう。ではどうすれば素晴らしい経験を積めるのだろうか。

### 3.2.1　経験を生かす枚挙的帰納法の推論

　私たちが経験を次に生かすとき、必ず働かせているのが枚挙的帰納法と呼ばれる推論法だ。その推論法は、次のようなものだ。
（1）　いわし雲は水滴（$H_2O$）でできている。
（2）　入道雲は水滴（$H_2O$）でてきている。
（3）　飛行機雲は水滴（$H_2O$）でてきている。
　　　・・・
ならば、雲は一般に水滴（$H_2O$）でてきているに違いない。

　私たちはこの枚挙的帰納法という推論法によって、過去の経験を活かしてうまく生きていく。例えば、ある菓子袋の開け方が上手くいったら、別の袋でも同じやり方でやろうとする。このような「学習効果」の背景には、この推論法が働いている。
　枚挙的帰納法は科学研究でも利用されている。何度も実験して再現性を確認し、科学的真実を突き止めてきたわけだ。だがこの推論法は間違うこともある。
　「(x)　ならば、金星の雲も水滴（$H_2O$）でできているだろう」
　金星の雲は濃硫酸でできているから、この推論は間違っている。
　それでもこの推論法は強力に働く。この推論法は昆虫でも働かせているくらいだから根強いのだ（例えば、背の低い箱の中に入れたノミは、しばらくすると外に出しても高く飛ばなくなるという）。いまも絶滅していない認知能力の

ある種は、どれもこの推論法によって学習し、うまく生き延びてきたといってもいい。

しかしこの推論法が間違うと、大きな事故にもなる。

## 【事例3.1a】スペースシャトル・チャレンジャー号爆発事故(1)[5]
（1986年1月27日）

### ▷スペースシャトル

スペースシャトル（図3.1）は、アメリカが1981年～2011年に135回打上げた、飛行機型のオービターを再利用する有人宇宙船である。打上げ時は、オービター後部のメイン・エンジン（液体燃料のロケットエンジン）に、固体燃料のブースターロケット2基の推力を加えて加速する。ブースターロケットが最初に切り離されて燃え尽き、最後に液体燃料タンクが切り離されて、オービターのみが最終的に軌道に入る。帰還時は耐熱パネルに覆われたオービターが大気圏に突入し、グライダーのようにして滑走路に帰還する。2011年に運用が開始された国際宇宙ステーションの建設にも大きな役割を果たしたが、このチャレンジャー号事故の他、コロンビア号事故(2003年)も経験した。

### ▷ロケットブースター

モートン・サイオコール社製。同社はロケットブースターを再利用するために5つの胴体部分に分けた。4箇所のジョイント部は加硫ゴム製のO-リング

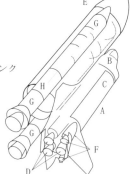

A：オービター
B：乗組員7人用のフライトデッキ
C：ペイロートベイ（貨物室）
D：メインエンジン3基
E：メインエンジン用の外部燃料タンク
F：軌道／姿勢制御エンジン
G：ロケットブースター
H：ジョイント

図3.1　スペースシャトルの構造計画

---

[5] この事例は技術者倫理の定番だ。この事例は、先行する多くの「技術者倫理」教科書を参考にしている。特に、図3.1は黒田ら『誇り高い技術者になろう』初版、名古屋大学出版会、2004年から、図3.2は畑村洋太郎編著・実際の設計研究会著『続々・実際の設計』日刊工業新聞社，1996年からの引用。

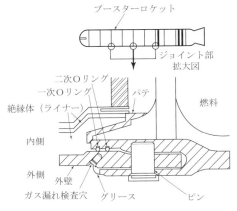

図3.2　ロケットブースターのジョイント部の構造

（パッキンの一種）で密封する構造にしていた（図3.2）。

▷事故の概要

　チャレンジャー号は初回の打上げから連続24回成功していたが、1986年1月27日の通算25回目のこの事故で初めて失敗することになる。当日の気温は華氏[6]18°（−7.8℃）。乗員は7名だった。

　打上げ後、ロケットブースターの側面から火を噴き（写真3.1（a））、液体燃料タンクを炙って大爆発を起こし（写真3.1(b)）、乗員全員が犠牲になった。この打上げはテレビ中継されており、全世界に衝撃を与えた。またスペー

写真3.1　(a) 側面から炎を上げるロケットブスターと (b) チャレンジャー号の爆発

(NASAホームページより)

---

6　華氏（F）と摂氏（C）の温度換算は、華氏（F）→摂氏（C）：C=(5/9)×(F−32)，摂氏（C）→華氏（F）：F=(9/5)×C+32，

スシャトル事業も2年8か月間ストップするなど、大きな打撃となった。

▷ 事故の前日

打上げの前日、気温があまりに低いことを懸念し、事故の可能性を予見して打上げ反対を進言した技術者たちがいた。1年前から低温時のO-リングの密閉機能に疑問を持ち、対策の必要性を訴えてきたロジャー・ボイジョリーらである。彼らは残り少ない時間の中で、打上げ中止に向けて最後の努力をした。まず技術担当副社長ボブ・ルンドに直接その危険性を訴え、打上げ延期を進言し説得した。これにより、ルンドは夕方のNASAとのテレビ会議で打上げに反対する決意を固める。ボイジョリーらもこれまで得ていたデータをまとめ、会議資料を大急ぎで準備した。

テレビ会議は、NASAとモートン・サイオコール社とを結んで開かれた。ボイジョリーはO-リングが浸食された過去のデータを説明し、華氏53°（11.7℃）以下では打上げるべきではないという勧告で締めくくった。この温度は彼がO-リングの大きな密閉不良をみつけた1年前の打上げ時の気温である。

▷ 経営者たちの判断

だが、この会議の結論は打上げ実施であった。その1つの技術的な理由は、打上げ可否判断の温度基準がロケットブースター着火前の固体燃料温度（華氏40〜90°）のみであり、外気温は判断基準になっていなかったことだ。過去24回の打上げは全てこの固体燃料温度基準を満たしており、かつ一度も失敗していないのだ。「なぜ今回に限って外気温を考慮して中止しなければならないのか。もし従来の打上げ可否の判断基準を変更しなければならないと言うなら、その基準と根拠を明確に示すべきだ」というのがNASAとモートン・サイオコール社経営陣の意見だった。ボイジョリーたちは、外気温による打上げ可否基準を明確な根拠で示すことができなかった。

しかし、低温時にO-リングが密閉性を失い、燃料ガスが外部に漏れだす危険性をボイジョリーたちが1年前から指摘してきたにも関わらず、まともに対応してこなかったのは会社の方だった。ボイジョリーたちが基準を明確に示せなかったのは、このような会社側の態度にも原因があった。

また、この決定には政治的、経営的な思惑も働いていたのではないかと指摘されている。NASAはこのフライトで乗員の1人教師クリスタ・マコーリフによ

る宇宙授業を計画し、翌日の大統領一般教書演説で触れられることになっていた。モートン・サイオコール社は、NASAとの新しい契約を望んでおり、ここで打上げに反対すればそれが危うくなるのは明らかだった。

最終的にこの決定はモートン・サイオコール社の4人の経営幹部の賛成票で決められた。NASAにはその決定が伝えられ、打上げが実施されたのである。その幹部だけの議論で、上級副社長のジェリー・メイソンは「打上げたいと思っているのは私だけなのか」と問いかけ、技術担当副社長ボブ・ルンドに向かっては「エンジニアの帽子を脱いで、経営者の帽子をかぶりたまえ」と言ったという。

### 3.2.2 枚挙的帰納法の落とし穴

私たちはこのような事例に対して、「経営・利益優先、安全軽視」だと考えがちだ。確かに「打上げたい」という経営的な思いが判断ミスに影響していただろう。しかしそれだけでは説明がつかない。なぜなら、実際この事故によってスペースシャトル事業は2年8か月もストップし、モートン・サイオコール社の経営にも打撃になったはずだからだ。また、もし全ての技術者が打上げに反対していたら、いくら利益優先の経営者でも打上げなかっただろう。

打上げ失敗の可能性を低く見積もらせたのは、経験を次に生かす枚挙的帰納法が慢心の方向に影響したせいだという見方ができる。スペースシャトルが1度も失敗せず成功を繰り返すうちに過信を生み、低温時のO-リングの密閉性喪失のような新たな問題を軽視する態度に繋がった。「利益」優先ではなく、このような慣れによって慢心する誤りは誰もがしてしまう可能性がある。

### 3.2.3 専門的な能力の源泉

**(1) 事実確認・知識・論理的思考**

ボイジョリーはどうして事故を予見できたのか。ここに専門家の知的な働きや良い専門家になるヒントを見つけることができるはずだ。

## 【事例3.2b】スペースシャトル・チャレンジャー号爆発事故(2)
### ▷ボイジョリーの判断

事故前年の1月、彼は通算15回目の打上後の回収部品の検査に携わっていた。彼はここで2つのO-リングの間に大量の黒焦げのグリースを見つけた。高温高圧の燃料ガスが一次O-リングの脇を噴き抜けていたのだ。もし二次O-リングからも燃料ガスが吹き抜けたら燃料タンクに引火し爆発する可能性がある。ボイジョリーはこの発見を上司に報告した。その際、打上げ時の気温が通常より低かったためにO-リングの弾力性が落ち、密閉効果が低下した、という考えを加えた。

ボイジョリーにあり経営陣に無かったのは、三現主義で、自分の目でO-リング脇の噴き抜けのリアルな状況を知っていたこと、およびO-リングが密閉性を保つ仕組みや、ゴム製のO-リングが低温時に弾力性を失うという専門的な知識を持っていたこと、の2点である。彼はこの2つ、観察事実と専門的知識とを論理的に結びつけることで、高圧高温の燃焼ガスが二次O-リングまでも噴き抜け、爆発に及ぶ現実的な可能性を理解することができた。それに対し経営者（ジェリー・メイソン）は、打上げ成功という事実の繰り返しにのみ目を向け、その成功を成り立たせてきた細部の現実を見ていなかった。

専門家（ボイジョリー）にあって素人（メイソン）にないことは、"三現主義で確認した事実"と"専門的な知識"とを結合して"論理的に考える"ことだ。この3つが、事実を正しく理解し、そこから新しい知識を導き出す手段になっている（図3.3）。

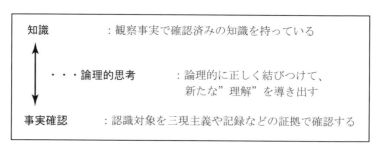

図3.3 正しい理解を導き出す3要素

## (2) 探究

しかし、ボイジョリーは結果的に打上げ中止の説得に失敗した。そこにはいくつかの弱点も指摘できる。これは低温時のO-リングの密閉性問題の重大さに気付けなかった多くの技術者の弱点でもある。ここでは、より良い専門家になるためにも、その弱点を学んでおこう。

Q3.1 以下の【事例3.2c】の①〜⑤の技術者の対応の中に、誤った対応がいくつか指摘できる。それは何番で、どんな誤りか考えよう。

【事例3.2c】スペースシャトル・チャレンジャー号爆発事故(3)

▷技術者たちの対処

① 最初の問題（開発段階，1977年）

ロケットブースターのジョイント部には、開発段階から設計上の問題点が指摘されていた。発射時に内圧が高まると、ジョイント部よりも薄い胴部が膨らむことで、ジョイント部に角度がついてしまう"ジョイントローテーション"の問題だ（図3.4）[7]。

技術者たちは、この隙間をO-リングで密閉できるかどうかを、実際より広い隙間に実際より高い圧力をかけるテストを行って確認した。結果は良好だった。

② O-リングの浸食-1（通算2回目の打上げ，1981年）

回収されたロケットブースターを検査すると、密閉機能を果たしながらも、パテ部（O-リングより内側に充填）を通過した燃料ガスによって一次O-リング

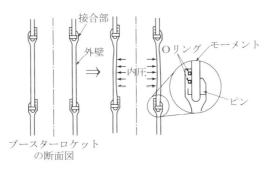

図3.4 ジョイント・ローテーション

---

7 図3.4：畑村洋太郎編著・実際の設計研究会著『続々・実際の設計』日刊工業新聞社, 1996年から引用。

が浸食されているのが見つかった。技術者たちは、あらかじめ理論上あり得る以上に侵食させた一次O-リングに、実際以上の圧力をかけても密閉機能を果たすことを確かめた。結果は良好だった。

③　O-リングの浸食-2（通算10〜12回目の打上げ，1984年）

1984年には5回の打上げのうち3回で一次O-リングの浸食が見られ、うち1回は2か所のジョイント部で見つかった。しかし②の浸食よりも小さかったことから問題にされることは無かった。

④　O-リングの浸食-3（通算15回目の打上げ，1985年）

これはチャレンジャー号事故の1年前にボイジョリーが一次と二次2つのO-リングの間に大量の黒焦げになったグリースを見つけた打上げである。実はボイジョリーの指摘にもかかわらず、この噴き抜けも問題にされなかった。噴き抜けの起こった一次O-リングの浸食が②より小さかったこと、二次O-リングを越えずに噴き抜けが止まったことから、O-リングが密閉機能を果たすと考えられたのだ。

⑤　O-リングの浸食-4（通算22，24回目の打上げ，1985〜1986年）

1985年10月、86年1月の2回の打上げでも一次O-リングの浸食が見つかったが、もはや問題にされなかった。

◇技術的逸脱[8]

O-リングは加硫ゴムでできている。ゴム製の部品は、そもそも高温の燃焼ガスに触れてはいけないものだ。だから②のO-リングが浸食された現象は、O-リングにまで燃焼ガスが達したことが問題の本質と考えるべきだった。

しかし技術者たちは、O-リングを浸食させた上で密閉機能を果たすかどうかをテスト確認し、この現象を問題なしとした。O-リングそのものの材質を高温ガスに耐えるように設計変更したわけでもなく、である。テストも、「理論上あり得る以上の浸食を施した」が、その理論を含めテスト法が正しいかどうかも定かではない。

このO-リングのように、製造された人工物の有限回の結果がたまたま良かったことなどを理由として、設計仕様を外れているにも関わらず、認めてしまう

---

[8] 「技術的逸脱」「技術的逸脱の標準化」については、黒田ら『誇り高い技術者になろう』初版，名古屋大学出版会、2004年を参照した。

ことがある。このような間違いを、技術的逸脱と呼ぼう。

　一度、技術的逸脱を起こすと、その事例を標準事例として次の判断に生かすため、次に同様の現象が起こっても、もはや問題にされなくなる（③）。これは、技術的逸脱の標準化された不正常な状態だが、これを防ぐには技術的逸脱をしないのが一番だ。
　しかしこの技術的逸脱の標準化を見直す機会があった。④の事例では、実際に高温ガスが吹き抜けたO-リングの浸食は②のものより小さかった。これを少し慎重に考えれば、②のテスト結果をより厳しく覆す現象だったことが分かるだろう。もしボイジョリーがこのことに気づき強く指摘できていたら、技術者の多くがO-リングの浸食の問題の重大さに目を向けることができたかもしれない。

◇できるだけ情報を集める
　優れた技術者になっていくために必要なことは、徹底した探究だ。そのためには"三現主義で確認した事実"だけでなく経緯を含め関連する事実情報を徹底して集めること、その上で"専門的な知識"だけでなく常識や感覚的な違和感、過去の知見や他者の知見なども総動員し、論理的で正しい認識に極力迫る"論理的に探究する"ことが必要だった。（ボイジョリーは経緯を洗い出すことが、おそらくできていなかった。）

(3)　探究のプロセスとしての「5ゲン主義」
　近年、問題解決の手法として「5ゲン主義」が唱えられている。「5ゲン主義」とは、「三現主義」に「原理」と「原則」を加えたものだ。「5ゲン主義」が問題解決に有効なのは、それが探究のプロセスに合致しているからだ。
　まず図3.3を見ると、"三現主義で確認した事実"と"専門的な知識"とを"論理的思考"で結合することによって、新たな理解＝知識が生まれている。この知識は"専門的な知識"に取り込まれ、"専門的な知識"はより豊かにされ深められる。
　その豊かに深められた知識の目で「原理」的に解明・解決したい問題状況を眺めなおすと、さらに調査したいことが出てくる。それを三現主義によって事実確認する。その結果を「原理」と「事実」に即して「論理的」に、つまり

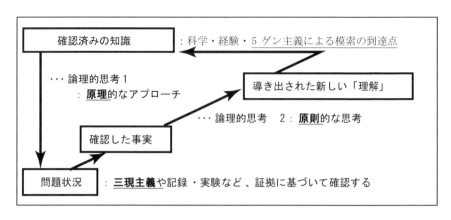

図3.5　5ゲン主義による探究（問題解決）のプロセス

「原則」的に解釈すると、また新たな理解＝知識が得られる。それで"専門的な知識"がさらに豊かになり、さらにその目で「原理」的に問題状況を眺めなおす………、と繰り返すのが探究のプロセスだ（図3.5）。

「原理」と「原則」は"5ゲン主義"では次のような意味になる[9]。

「原理」：「原理的なアプローチによる事実確認」
　　　　　科学的知識を含む「確認済みの知識」に基づいて、問題状況に対して正しいアプローチをすること。

「原則」：観察に用いた「原理」と観察された事実に基づいて正しく論理的に新しい理解を導き出すこと。

※ここで"科学的知識を含む「確認済みの知識」"としたのは、科学的知識だけでなく、経験的な知識や、新たに原則的な思考によって加えられた知識をも含む、という意味だ。

---

[9] 5ゲン主義における「原理」と「原則」の意味は、それぞれ名詞として解釈し説明されることが多い。例えば「原理」を、物事を成り立たせる法則やメカニズム等とし、「原則」を物事の決まりや規則と説明されることもある。また例えば、「原理」を物事が依拠する根本的な法則のこと、「原則」を原理から生み出される活用上の規則や決まりなどと説明することもある。このような説明の微妙な差は、名詞として扱うことで、「事実」と「知識」以外のものとして「原理」と「原則」を説明しなければならないために無理が生じたからだろう。ここでは「原理」を、事実を観察し確認する際の論理的な態度として、「原則」を、確認された事実から知識を得る際の論理的な態度として説明する方法を採った。

## (4) 5ゲン主義のプロセスについて

5ゲン主義のプロセスについて確認しておきたい点をまとめておく。

### ◇科学は正しい認識を求める社会的な問題解決プロセス

この「5ゲン主義」として表現される技術的なプロセスは、科学が学会などを通じて社会的集団的に行われている研究プロセスと同じだろう。すなわち、科学での「仮説」立案は、原理的な「事実」確認へのアプローチであり、「検証」は原則的な思考による「事実」の解釈と考えられる。

### ◇創造のプロセス

このプロセスは、「困った状態」の問題解決だけでなく、「創造的な課題」の問題解決にも適用可能だ。

### ◇独創性

5ゲン主義のこのプロセスを、常に現実の問題状況から離れないように回していくと、いつしか独創的な問いに至る。その問いへの答えが独創的な答えになる。

独創性は、「いいアイディアが思い浮かぶ能力」のように捉えられがちだ。しかしそれは間違っている。「いいアイディア」に気づく前に、「いい問い」「独創的な問い」に至っていなければ、そのアイディアの価値に気づくこともできないからだ。

### ◇現実から離れるとファンタジーになる

三現主義を忘れて現実から離れてしまうと、残る「2ゲン」も空回りする。それでも文学ならファンタジーの世界を創造できるかもしれない。しかしそれでは科学や技術や実践などの現実を相手にする業務や場面では通用しない。

ネット社会の今日、ある言葉が、発信者の意図と全く違う意味で解釈され、回りまわって思わぬ方向から発信者に批判が向けられることがある。これは、その言葉の背景として発信者がイメージした特定の状況があるのに、聞き手側がそれを無視して勝手に別の状況をイメージし、その言葉を別の意味に解釈し直してしまうからだ(発する側に、言葉足らずなど問題のある場合もある)。

言葉の意味を正しく理解するには、それが使われる現実の状況も同時に理解

する必要がある。しかし「言葉」だけですべての情報が伝わるという誤解があるために、他人の言葉を平気で曲解してしまう。

　これも知識（言葉）を、現実の状況から分離して勝手に解釈してしまう「机の上、紙の中の問題に取り組んできた学業」の副作用ではないだろうか。

　今、「5ゲン主義」が流行りだが、「三現主義」の大切さはいくら強調してもしすぎることはない。


Q3.2　人は興味のあることは自然に「5ゲン主義」で探究し深めていくものだろう。また興味があっても「5ゲン主義」をしないために深まらず興味が萎んでしまうこともある。他方で、「5ゲン主義」をせず簡単に分かったつもりになっていることもあるかもしれない。

　そういった経験や癖がついてしまってはいないだろうか。自分で振り返るとともに、それをどう伸ばすか、あるいは克服するか。自分への教訓を導き出してみよう。


◆4章に向けた個人課題◆

第4章4.1を読み、Q 4.1を考えておこう。

# 第Ⅱ部

## 倫理的であること

　私たちは多くの場合、自分は悪人ではなく、良心に従っているから倫理的だと思っている。また法律違反をしなければ犯罪者にならず、犯罪者にならなければ倫理的にも問題無いと考えている人もいるかもしれない。このような考え方が正しいかどうかを考えていく。

　皆さんはこれまでも倫理や道徳を学んできただろう。しかしそれは一市民としての学びであり、専門的な職業者としての倫理を学んだわけではなかった。

　例えば、倫理的な事件や不祥事のニュースに触れると、「なんてひどい会社だ」「悪い人達」「だらしないなぁ」などと他人事のように感じたかもしれない。しかし、専門的な職業者として倫理を学ぶには、その当事者（犯人）の立場になって、そうならないようにするには何が大切かを考える必要がある。実際に仕事や生活の中で出会う問題は複雑な上、最後に頼れるのは自分の判断だからだ。

　この第Ⅱ部では、実際に社会人や技術者として生きていく上で必要な倫理について考えていく。単なる机上の知識ではない生きた倫理を学ぶ。きっと、倫理も実際に生きていく上で役立つこと、倫理は意外にも（?）論理的なことに気づくだろう。

# 第4章 良心と倫理

## 4.1 誠実性

　仕事は誰かの役に立つためにするもの。それで生活の糧を得るのだから真面目に取り組まねばならない。それは目先の作業に集中するだけではなく、その仕事の目的を考え、意味のある仕事をすることに集中することだ（「いくら儲かるか」ばかり考えていては"良い仕事"などできない）。

　自分の仕事は組織や人々が繋がって遂行する大きな仕事の一部だ。だから自分の役割や期待されること、目的をしっかりと受け止めて役割を誠実に果たすことが求められる。この役割や期待への誠実性が技術者をはじめとするあらゆる職業者にとって基本的な倫理である。そのことは第Ⅰ部第3章【事例3.1】でも確認できる。

　逆に、目的もわからず誠実さも無いようでは、仕事の達成感も喜びも感じられず、やり甲斐など生まれてこない。

> Q4.1　これまでに気持ちのいい仕事をしてもらった（ありふれた）経験を思い起こし、単に「作業」をする人と「良い仕事」をする人との違いがどこにあるか、考えよう。

## 4.2 専門学問・専門技術の積極的役割

　「知は力」とは、まだ科学が個々の天才たちの手で行われていた時代に、フランシス・ベーコン（Francis Bacon, イギリスの哲学者, 1561 ～ 1626）によって唱えられた言葉だ。科学的探究を社会的組織的に取り組むこと、そのための機関が必要なことをこの言葉で為政者に説いた。その流れが、現在の学会、学

術誌、公的な大学や研究機関、それらを通じて行われる学問研究や技術開発につながっている。学問とは、知を社会に生かすために社会的に発展させてきた知識の成果であるとともに、社会的営みそのものでもある。

　そして現代社会は、生活の隅々に科学・技術の成果が生かされ豊かになった。また今の生活に必ずしも結びつかない学問も、宇宙の果てや微細で極小な世界、過去の宇宙・地球・国土・生命・人類・歴史、社会の仕組み、経済や法や文化の知識などを増やし、様々なリスクを明らかにし、社会や生活をより良くし、知的文化的な生活の向上に貢献している。これらの事実を見ても、研究教育が高等教育の場で公的なサービスとして行われている意味がわかるだろう。

　今、「技術者倫理」をはじめ、様々な専門的な職業に対して倫理が求められている。その一番の目的は、専門的な学問知識や技術を用いる専門家が、社会や人々に貢献することによって、自らの業務や職業や組織、コミュニティの価値を高めていくことにある。

　だから失敗を恐れて何もしないのは、倫理の捉え方として本末転倒だ。適切に恐れる必要はあるが、まずは良い仕事を通じて社会と人々の中で、問題解決に向けて挑み模索する姿勢が大事だ。それが高等教育を受けた者として、自らの存在価値を示し高めていく基本になる。

Q4.2　あなたの専門分野、目指す専門家の業務が社会の中でどのような価値があるか、価値を生み出しているか、改めて考えてみよう。

## 4.3　良心に基づく判断や行動に潜む危うさ

　専門家の多くは自らの専門分野の価値を確信している。また、学校生活では、善意や良心に基づく判断や行動は概ね良い結果をもたらし、そう良くない結果が出た場合でも強く非難されることも少ない。だから「善意に基づき、良心に従って判断し行動していれば、倫理的に間違うことはない」と考えがちだ。

　この考えは社会人や技術者でも通用するだろうか？

　このことを日本の高度成長の時代に起こった四大公害病について考えてみよう。ここで取り上げるのは水俣病だ。

## 【事例 4.1】水俣病事件[1]

### ▷新日本窒素肥料株式会社（チッソ）水俣工場

同社の前身は日本窒素肥料株式会社である（以下、社名が変わっても「チッソ」と呼ぶ）。チッソは第二次世界大戦末期の 1944 年には、朝鮮半島北部など大陸を中心に発電所と工場を展開する日本第 3 位の巨大企業（総資産 35 億円。1 位：三菱重工業、2 位：日本製鉄）で、そこには優秀なエリート技術者が集まっていた。1945 年の終戦で大陸から引き上げた者の大半は、熊本県南部の不知火海に面した水俣工場で働くことになった。そして 1952 年には、塩化ビニール製品の添加剤であるオクタノールの生産を開始した。同社のオクタノールは高品質で評判が良く、原料のアセトアルデヒドの生産も急激に増やしていった。この増産が水俣病の発生に結びついていく。

アセトアルデヒドの製造プロセスは次のようなものである。

原料となる硫酸水溶液（$H_2SO_4$）に触媒の硫化第二水銀（$HgS$；無機水銀）を混ぜて母液とし、これにアセチレン・ガス（$C_2H_2$）を吹き込んで反応させると、母液中にアセトアルデヒド（$CH_3CHO$）ができる。これを分留し精製して取り出す。この反応の過程で無機水銀は金属水銀に還元されて触媒の機能を失うため、母液に助触媒として二酸化マンガン（$MnO_2$）を加え、これが金属水銀を酸化し再び無機水銀に戻す。

### ▷奇病の発生

1970 年の公害国会で公害防止関係法令が見直し整備される前の時代には一般的だった風景だが、水俣工場の排水は赤茶色に濁り、流れ込む水俣港にはヘドロがたまっていて透明感も全く無かった[2]。

そしてオクタノールの生産量が増えた頃から、水俣湾の周辺で更に異変が起き始めた。魚が浮き上がり、海藻は色あせ、カラスが突然落下して激突したり、

---

[1] 主に、NHK 取材班『NHK スペシャル 戦後 50 年その時日本は＜第 3 巻＞』日本放送出版協会, 1995 年を参考にした。
[2] 1970 年の公害国会前は全国の工場地帯で見られた光景である。ひどいところでは、1km 先まで異臭を漂わせる川さえあった。

猫が踊るようにして海に飛び込んだりした。

1954年6月、チッソの倉庫係の患者がチッソ附属病院に運び込まれた。運動機能や感覚機能が害され、言葉も意識もはっきりしない症状で、医者にも原因が分からず対症療法しかできないまま死亡した。それから1956年にかけ、同じ症状の患者が15名以上発生した。1956年5月1日、附属病院は水俣保健所に「類例の無い奇病」が発生していることを報告した。これが水俣病の公式確認日となった。後の調査で、1953年12月には既に患者が発生していたことが判明している。1956年9月までに30名が発症、内11名が死亡、その後も被害者が増えていく。この病気は脳をおかして運動機能や感覚機能などを奪っていくため、「狂い死ぬ」と表現された。

1956年8月、熊本大学医学部が「水俣奇病研究班」を作り解明に乗り出した。研究班が呼んだ「水俣病」という名前が定着していった。

▷疑われる工場

初めは感染症も疑われていた。しかし、保健所で行った猫実験（水俣湾の魚介類を正常な猫に食べさせる実験）で猫が発病したことで、何かに汚染された魚介類が原因と判明した。残る問題は汚染源と汚染物質の特定だった。

当然のように水俣工場に疑いの目が向けられた。水俣の漁民たちは以前から工場排水による汚染に悩まされ、1925年以来漁協はたびたび工場と交渉をしてきた経緯もある。漁協は改めて工場排水の放流中止を要求した。

熊本大学の研究班は、1958年9月、水俣病が1937年にイギリスの農薬工場で起こったメチル水銀中毒に似ていることを報告し、有機水銀中毒説が有力視されていく。ただ、それまでにもマンガン、セレン、タリウムなどの原因物質説が研究班発として報道されてきたため、この説も違う可能性もささやかれた。そして日本軍が海洋投棄した爆弾が原因とする説や腐った魚を食したアミン中毒説なども流された。

▷工場側の反発とある社員の記憶

工場は、新聞に叩かれたり、漁民になだれ込まれたりしていた。しかし工場側は、工場で扱うのが無機水銀であること、無機水銀は有機水銀に変化しないというのが化学の常識であること、日本と世界のどの工場も同じ製造プロセスなのに他所では「水俣病」が報告されていないことなどを論拠に、有機水銀説

に反論した。

ある社員は次のようなことを後に述懐している。

1951年、工場は助触媒を二酸化マンガンから廉価な硫酸第二鉄に変更するビーカーテストに成功すると、会社のやり方に従って直ぐに製造ラインに実地適用した。するとアセトアルデヒド製造中に母液が発泡してあふれ出し続けた。だがこのトラブルは有効に対策されず、しばらくそのままフル生産が続けられた。

その社員は、あふれ出した母液の中に有機水銀が含まれていたら海に流れ出しているかもしれないとも思ったが、「水俣病」への批判に苦しんでいた工場幹部に言える雰囲気ではなかったという。

### ▷確認された塩化メチル水銀

1960年入社の別の社員は、研究所で水俣病の原因究明を研究テーマに与えられた。彼はアセトアルデヒド工場の排水からメチル水銀化合物を検出し、1961年には結晶として取り出した。これで原因が工場排水中の塩化メチル水銀だと科学的に証明されたことになる。

しかし、この情報は様々な混乱の中で公にされず、1968年に政府によって工場排水が原因と認定されるまで排水は続けられた。その間1965年には、新潟県の阿賀野川流域で同じ原因で第二水俣病が発生している。

公害病を含め、技術者倫理で取り上げられる事例のほとんどは、起こそうと思って起こしたものではない。水俣病も、評判の良いオクタノールを提供するのが目的で増産を続けていた。助触媒を安い硫酸第二鉄に変更したのも、それ自体に悪意はなく、企業としては当然すべき改善でもある。それでも事故や不祥事を起こしてしまい、非倫理的だと非難されていたことになる。

そんな時「私は良いことをしたのに、なぜ責められなければならないのか。私は一生懸命誠実にやってきた。」と言いたくもなるだろう。でもそのような言葉は、被害者や世間には開き直りに聞こえる。

技術者倫理など職業倫理が重視されるのは、意図的で悪質な行為はもちろんだが、非意図的な倫理事例、不祥事や事故も予防したいからだ。このような倫

理を「予防倫理」と呼ぶ。善意や良心に基づく積極的な動機は前提だが、その上に「予防倫理」が求められる。

---

☆グループディスカッション

Q4.3 ～ 4.5 をディスカッションして、ベストアンサーを出そう。

※ 単にメンバーの意見を並べるだけでなく、互いに検討しあって、よりよいアンサーをめざそう。

---

Q4.3 仮にあなたの学校の周辺地域で原因不明の奇病が発生し、あなたの学校や学科、研究室が原因ではないかと疑われ、地域や社会から疑いの目で見られるようになったとする。そのような状況でも問題に正しく対処するには、何を一番に考えるべきだろうか？

Q4.4 事故や不祥事の再発防止を考えたとき、1つは技術的な反省（原因究明と対策）が必要だが、技術的なこと以外にも反省すべきこともあるのではないか。思いつくことを指摘せよ。

Q4.5 【事例4.1】水俣病事件について、社会的・制度的なレベルでの再発防止策を提案せよ。

☆現実への潔さ

真実を追求するには5ゲン主義が大切だが（第3章 3.2.3(3), (4)）、これは倫理的な能力全体についても言える。

人は誰もが嫌なことは見たくないし、面倒なことは関わりたくない。特に人間関係に関わることは、逃げたい、黙っていたい、見なかったことにしたい、そう思ってしまうかもしれない。

しかし、互いに依存しあい信頼しあわねばやっていけない社会の中では、そのような態度を実際にしてはいけないだろう。自分たちが無意識のうちに無視したくなり避けたくなるような現実や指摘や批判に対して、単に自分たちの身

を守ろうとするだけでは、技術者や社会人としては不十分だ。

　初めから「自分たちに非はない」という結論ありきではなく、まずそうした希望や先入観を脇に置き、現実に向き合って客観的事実に従う"潔さ（いさぎよさ）"が必要だ。それが、「三現主義」「5ゲン主義」を正常に働かせ、自らの倫理的な能力を高めていく上で基本的な態度だ。

　どのような事実や指摘や批判であろうと、そのような事実や指摘や批判がある事実をまず受け止めよう。たとえ自分たちに非が無いように思える場合でも、客観的事実に向き合い、調査し、きちんと考えて究明しよう。それで自分たちに非があれば反省し、自分たちに原因が無く他所にあるのならそれを指摘しよう。

　事実への潔さは、事実への誠実性でもある。特に科学や技術に携わる者は、事実や現実に基づいて考え行動できるところに専門性がある（たとえ専門的な知識があったとしても、事実や現実から離れて理屈だけをこねくり回すなら、それは無責任な困り者の「コメンテーター」でしかない）。事実への誠実性、事実への潔さ、学問的な潔さを自らの基本的な態度にして、専門職業者として成長していこう。

## 4.4　倫理的能力の3つの部分

　善意の行動に際して副次的に起こる負の側面を予防するにはどうすればよいだろうか。「予防倫理」を働かせると言っても、単に「注意して！」だけでは、効果は小さそうだ。

　効果的な予防をするためにも、まずそれがどのような能力で構成されているかを考えておこう。これは、事故や不祥事への反省先を考えることでもある。

　「倫理は心の問題だ」という。でもその「心の働き」は1つではない。例えば、水俣病などの倫理事例がどうすれば防げたかを考えてみると、様々な種類の反省や対策が考えられる（Q4.4）。ここではそれを3つの部分に分けておく（図4.1）。

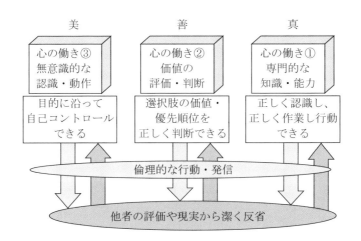

図 4.1　倫理的な心の働き（反省先）の 3 つの部分 [3]

1つ目は、客観的な事実を正しく認識し、設定された問題を正しく解くことができる知識や能力の部分、つまり工学などの専門的な知識や能力、技能などの部分である。

水俣病では、助触媒を硫酸第二鉄に変更するビーカーテストに成功した後、直ぐに実操業に移していた。これは技術的に不確実性の高いやり方だった。また無機水銀が有機水銀に変化しないという知識も間違っていた。

この最初の部分は、技術的な「再発防止策」をする部分であり、具体的に知識を共有でき、専門的学問的に語ることのできる部分だ。原因を分析し対策する、認識や行動を間違えない部分であり、「真実」についての「心」の部分と言ってもよいだろう。

2つ目は、正しく価値を評価し判断する部分である。

水俣病では、発泡トラブルによって母液が排水に流れ出している問題を解決することよりも、フル生産することを優先していた。母液には水銀が含まれており、無機水銀でも人体や生物に有害だから、有害物質の排水を放置して生産を優先していたことになる。

1945 年に第二次世界大戦が終わり、一人ひとりの国民を大切にする基本的人権が盛り込まれた日本国憲法が発効したのが 1947 年。水俣病はそのわずか

---

[3] 右から順番に書いてあるのは、後々意味が出てくる。

6年後に発生している。当時の日本は、科学技術の発展によって国民生活を豊かにする価値が第一で、地域に限定的な公害を「必要悪」と考える雰囲気もあった。問題が大きく深刻になるにしたがって批判的な声が高まり、1960〜80年代に消費者運動や公害反対運動など様々な市民運動が起こってくる。その中で次第に一人ひとりの国民を大切にする価値が高く評価されるようになり、公害国会などによって社会制度に反映され、今日のような日本社会になっていく。

この2つ目の部分は、人間関係の中で経緯や文脈を明らかにし、「より良い」選択・判断をする「価値評価」の「心」の部分、「善」に関わる「心」の部分と言ってもよい。

3つ目は、無意識的に認識できたり振る舞えたりする部分、逆にトラブルを起こしてしまうような認識や振る舞いの癖、思い込み、心理的な傾向など、無意識的に働く部分である。この部分は、人だけでなく、組織文化や制度の欠陥なども含む。

水俣病のチッソに限らず、科学技術で国民生活を豊かにしたいと仕事している者にとって、自分たち（の組織）が犯人と疑われることには、抵抗を感じるものだし、疑われたらまず反論したくなるだろう。しかし、自分たちへの社会の期待を重く感じることができれば、違った行動ができたかもしれない。

他にも、これくらいいいだろうという近道行動、勇気が足りなくて踏み出せない、その他の行動や思考の癖、無根拠で勝手な思い込みなどもこれに当たる。組織や社会、周りからの期待とは別に、自分のできることや責任範囲はここまでと勝手に思い込んでしまっていることも多い。

この部分が前の2つと異なるのは「無意識」なところだ。気づいて改めることで初めて対応でき、自分（たち）でコントロールできるようになる。

事故の発生後によく聞くのは、「もっと前に危険性に気づけたはず」「あの時きちんと対応していれば防げた」などといった反省の言葉だ。このような反省は、「無意識的な心の働き」の部分まで反省を届かることの難しさを示しているかもしれない。

逆に、自らの言動に神経が行き届いている人や組織は、それ自体が美しい。「美技」とか「美徳」とか言われる「心」の部分、求められ望まれる方向に自らを

律する、「心」の「美」の側面と言ってもよい[4]。

　すべての倫理的な学びや気づきは、これら3つの「心」の一部または全部の反省や向上に生かされる。大事なのはどれか1つの部分への反省で安心してしまわないことだ。

Q4.6　「水俣病のような事例は過去のことであり、すでに解決済みの問題だ」という考えがある。これは「心」の「真」の部分ではそうかもしれない。では「善」の部分と「美」の部分ではどうだろうか。反省すべき事はあるだろうか。もしあれば指摘せよ。

♦5章に向けた個人課題♦

第5章　5.1黄金律を読み、Q5.1を考えておこう。

---

4「真善美」とは、「認識上の真と、倫理上の善と、美学上の美。人間の理想として目指すべき普遍妥当な価値」（広辞苑第6版　岩波書店）のこと

# 第5章 倫理の基本

 倫理的に行動する能力の3つの部分（第4章4.4節）のうち、実際に倫理的に判断し行動する際には、「何が倫理的なことか」を評価する2つ目の「善」の部分が直接かかわってくる。

 本章で考えたいのは、「善」の判断を対象とする規範倫理だ。「無意識」な部分は気づいていくしかないとして、気づいた範囲で「これで倫理的な振る舞いになるだろう」と判断できなければ、倫理は始まらない。

 この規範倫理を、「技術者倫理」「専門職倫理」などの「実践的な倫理」に関わる文脈に基づいて順に考えていこう。

## 5.1 黄金律

 まず踏まえなければならない倫理観は、あれこれの宗教や集団に特有なものではなく、ヒトとして共通のものだ。その基本は「他人が嫌がることをしない」「他人に迷惑をかけない」「自分がして欲しいことをせよ」といった、どの世界宗教にも出てくるし、どんな家庭でも子供に躾けるごく当たり前のルール：「黄金律 (Golden Rule)」だ。

 黄金律は、ヒト（ホモ・サピエンス）が20万年の歴史を持つとすれば、その初めの頃からあったルールだろう。

 黄金律は一見万能な倫理的ルールに見える。技術者の倫理も黄金律で十分ではないかとさえ思える。

 本当にそうか？次の問いから考えてみよう。

Q5.1 次のような技術が可能か、検討しなさい。
・スマートフォンやネット環境を、誰もが歓迎し、迷惑に思う人がゼロになるようにする。
・ごみ処理施設を周辺住民にとっても迷惑がかからず全く嫌がられない施設にする。

## 5.2 功利主義

Q5.1の答えは、「ゼロにできる可能性はまず無い」だ。なぜなら、どんなに便利な道具でも、社会が必要とする施設でも、必ず少数だが一部に迷惑に思う人が出てくるからだ。例えば、テレビ番組で「プレゼントのご応募はホームページから」と言われると、ネット環境を持たない人には最初から応募資格が無いことになる。ごみ処理施設自体を安全で清潔にしても、ごみ収集車やメンテナンスの工事車両は周辺を走るし、万一の事故へのリスク感覚までは消せない。スマホもごみ処理施設も、一方では大多数の生活を豊かにし、社会にとって不可欠だが、他方では少数でも嫌な思いをする人々がいる[5]。

つまり、多くの人々に何らかの影響を与えるような行為の場合（技術や政治が代表例）、例外なくすべての人に黄金律を満たすことはできない。「黄金律を厳格に例外なく守れ」というルールでは、逆に何もできなくなってしまう。

そんなとき、「この技術や政策は、社会全体、国民生活の総体を見れば、間違いなく豊かで幸せにする。迷惑に思う人をゼロにするのは不可能だが、迷惑に思う人々も迷惑の程度も少なければ倫理的だ。そう肯定して前に進もう」と考えるのは自然なことだし必要なことでもある。

このような考えをベンサム（Jeremy Bentham, イギリスの政治哲学者, 1748〜1832）は、「最大多数の最大幸福の原理」で知られる「功利主義（utilitarianism）」という倫理原則に纏めた。

これは、ある行為が倫理的かどうかを判断するとき、「その行為によって人々

---

[5] この答えに対して、「いやそんな小さなことで嫌だと騒ぐのは、騒ぐ方がおかしい」と思う人もいるだろう。（実は学生の頃、著者もそうだった。）そういう人は、本章の最後まで読んで欲しい。

の幸福増量の総計が大きく、不幸増量の総計が遥かに小さいこと」をもってその行為の善悪を判断する倫理基準だ。

## 5.3　費用便益計算の落とし穴

「最大多数の最大幸福」の程度を実際に測ろうとするなら、論理的には次のような式で求めることができるだろう。

**功利主義での倫理度（功利計算）**
**＝その行為による〔幸福増量の総和〕 − 〔不幸増量の総和〕**

この計算は、費用便益分析（Cost-Benefit Analysis）の一種とみなせる。費用便益分析とは、企業などが例えば製品開発に投資するかどうか（Go/Stop）を判断する際に、必要な費用（cost）と見込まれる便益（benefit）とを比較考量して決定する方法だ。費用が高くても、何倍もの利益が短期間に上がるのであればGoとか、費用は少なくても利益が上がって元が取れるのに10年もかかる場合はStopとか、そういった判断に使用する。功利計算も不幸増量（cost）と幸福増量（benefit）を計算するから、費用便益分析の一種と見なせる。

では、次のような事例は倫理的だろうか？

【事例5.1】フォード・ピント事件 ─────────────
ピントはフォード社が1971〜80年に製造した車重量約906kg以下の低価格

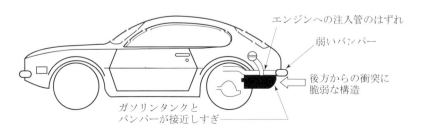

（畑村洋太郎編著「続々・実際の設計」日刊工業新聞社（1996）、P.389 より）

図5.1　1971・72年型フォード・ピントの構造欠陥

車。この車は当時の法律には違反しないが、安全上の重大な欠陥が確認されていた。欠陥とは次のようなものだ（図5.1）。

ピントの燃料タンクはスタイルなどの理由から、後ろ車軸のディフェレンシャル・ギア・ハウジング（差動歯車のカバー）の後方、バンパーとの間に置かれた。ハウジングはボルトの頭が燃料タンク側に飛び出していて、バンパーもコストを低く抑えるために弱いものが採用されていた。そのため後方から追突されると燃料タンクが前方に押し出され、ハウジングのボルトの頭で穴があき、燃料が漏れ出す可能性があった。実際、数台の試作車と2台の実生産車を時速34kmで追突させる社内テストで燃料漏れを起こし、少なくとも1回は漏れた燃料が運転席まで入ってきた。また同社はタンクにゴム製のシートをつけるなどの対策を検討しており、その効果を同じテストで確認していた。この対策ではタンクに燃料漏れを起こすような損傷は起きなかった。それでもフォード社は、ピントを対策しない状態のまま販売した。

1972年、高速道路で故障して停車したピントは、約50km/hで後続車に追突され炎上した。運転者は死亡、同乗者も重度の火傷を負った。

この事故の裁判の過程で表5.1のようなフォードの社内資料が流れた。表右側の予想対策コスト13,750万ドル（1台当たり11ドル）に対し、表左側の効果（対策で節約できる、死亡者・重傷者・事故車両に対する賠償額）4,950万ドルとを比較し、効果が対策コストの約1/3にしかならないという試算になっている。

この表によってフォード社の経営姿勢に大きな疑念が持たれることになり、裁判では、補填賠償280万ドルに加え、懲罰賠償12,500万ドル（ただし控訴

表5.1　ピントの設計変更・改善修理する場合の費用便益分析

| 未対策時の予想損害賠償額 | | 予想対策コスト | |
|---|---|---|---|
| 死者数<br>180人×20万ドル/人 | 36百万ドル | 乗用車 改善費用<br>11百万台×11ドル/台 | 121百万ドル |
| 重傷者数<br>180人×6.7万ドル/人 | 12百万ドル | 軽トラック 改善費用<br>1.5百万台×11ドル/台 | 16.5百万ドル |
| 車両事故<br>2100台×0.07万ドル/台 | 1.5百万ドル | | |
| 便益（利益）計 | 49.5百万ドル | コスト（費用）計 | 137.5百万ドル |

審で 350 万ドルに減額）を課す判決が陪審員によって出された。

Q5.2　この事例の費用便益計算は、なぜ同社の評判を落とすことになったのか？どんな価値を優先し、どんな価値を低く見積もったとみなされたからなのか？意見を述べよ。

☆公衆優先原則

フォード・ピント事件が教えてくれる倫理基準の一つは、人命や安全を一番大事な価値として尊重しなければならないことだ。

黄金律を現実的に丸めた功利主義では、少数の不幸の増える人が生まれることを許容するが、それでも命、安全、健康を脅かすような不幸は許してはいけない。もう少し拡大して、幸福追求権や財産権などの人間らしく生きる権利、すなわち基本的人権まで、許してはいけない不幸の範囲に入れてよいかもしれない。

技術者協会や学協会（学会）は、それぞれに「倫理綱領」を定めている。多くの場合、その1項目に「公衆の安全、健康、福利を最優先すること（Hold paramount the safety, health, and welfare of the public.）」を掲げている。

この"public"には、「社会、公衆、市民」などの意味があるが、技術者倫理では、能力的または時間的または立場的な制約から、技術者の行為に対して従わざるを得ない全ての人々を考えており、「公衆」と訳されることが多い。技術者の最終顧客の多くも、第三者の市民も、立場や専門が違う技術者でも、その行為に従わざるを得ないなら公衆である（スペースシャトル・チャレンジャー号の乗員の多くも技術者だが、打上げの技術者にとっては公衆に位置づけられる）。

現代社会は専門職業者に依存している。その専門職業者が公衆の安全、健康、福利を守ってくれないなら、水俣病のような事例が国中で常態化し、その社会は不安で仕方がなくなるだろう[6]。

---

6 日本では「公益」という言葉が使われるが、「公益」では一人一人の顔が見えない。「公衆（public）」には一人一人の命、生活、人権が意識されている。

## 5.4 カントの義務論

フォード・ピント事件が教えてくれるもう一つの倫理基準は、他人の人格を自分の人格と同等に扱え、ということだ。この事件では、フォードの経営者は、自分たちは無事なところにいながら、運転者の命をお金に置き換えたのではないかと疑われた。自分たちの人格より、犠牲者となる人々の人格を実質的に軽く扱っていたことになる。このことへの批判が、同社の評判を落とした理由の一つだ。

**Q5.3** 他人の人格を自分の人格と同等に扱え、という基準は「黄金律」にも既に含まれていただろう。このことを確認しておこう。

ピント事件から時代はさかのぼるが、ドイツの哲学者カント（Immanuel Kant, 1724～1804）は、人格の尊重と、自分と他人とを同等に扱えという基準から、次のような「普遍化可能性テスト」と呼ばれる倫理性のチェック方法を導いた。

「自分がしたい行動方針が倫理的かどうかは、その方針を全ての人々が常に同じように採用する社会を考えたときに不都合が生じないかどうかで図られる」というものだ。

例えば「手に入れたいものがあればお金で買う」という行動方針は、全ての人が同じように採用してもこの社会は混乱しない。しかし「他人から盗んで手に入れる」行動方針を誰もが採用したら、社会は混乱に陥るだろう。

このような基準は、日本でも「『自分だけは（許してくれ）』『今回だけは（見逃してくれ）』と言わざるを得ないようなことはするな」といった言葉で表現されてきた[7]。

このような言い訳（開き直り）をせざるを得ないとき、その人は後ろめたさを感じているだろう。逆に言えば、人にはこのような基準を守れという義務感が自然に働いているものだとカントは考えた。だから「カントの義務論」と呼

---

[7] カントがしたような定義は必要だが、肯定表現なので難しくなってしまう。日本語の否定表現の方が分かりやすい。

ばれる。

## 5.5 同意を得る

　結果として「最大多数の最大幸福」となるようにしながら（功利主義）、公衆の安全・健康・福利を守り（公衆優先原則）、後ろめたさを感じるようなことをしなければ（カントの義務論）、倫理的に行動できそうな気もする。
　しかし、実際の技術実践や業務実践の場では、「あなたには悪いけど」と言わざるを得ないような、損な役回りをお願いせざるを得ない事態も生じるし、危険で命や健康を保証できないことも起こり得る。例えば次のような事例だ。

**【事例5.2】福島第二原発事故直後に現場で立ち向かう人々**
　2011年3月11日に事故が発生して数週間、全電源が喪失し、放射能汚染した原子炉にも近づけず、原発がどのようなリスク状態にあるか確かめようがない中でも、現場の技術者や作業員たちは、自らがそこですべきことを理解し、全力を尽くしていた。また、その後の事故終息への取り組みの中では、多くの関連企業の技術者や従業員を含め、放射線の見えないリスクの中で働かねばならなかった。
　事故の当初、もし「リスクがわからないから」、「被ばく管理が不十分だから」と言って、事故終息に向けた作業を放棄し避難していたらどうだろう。そうしたら、炉内のメルトダウンだけでなく、炉外のプールに保管されている使用済み核燃料までメルトダウンしていた可能性も考えられただろう。

　このような大きなリスクとの闘いを限られた時間の中で行う時、従事する人の命、安全、健康を最優先できない事態も生じえる。このようなことは決して望ましくないが、現代のような科学技術社会では起こり得る。例えば、宇宙空間での船外作業（宇宙遊泳）のように、それ自体が命がけのような仕事もある。
　このような作業を他人に頼んでやってもらうことが必要な場合、倫理的であることをいったいどう考えればよいのか？

☆インフォームドコンセント

　このような場合に依拠するのは、人の役に立つことを自らの喜びとすることができる"人間の利他的な性質"だ。人は他人や社会のためなら多少の苦労を我慢できる場合もあるし、そこに幸福を感じる場合もある。

　だがそれを納得して受け入れるかどうかは本人の意思による。いくら社会のために必要でも「皆のためだから犠牲になれ」と強制はできない。だから、正直に事情を話して同意を得る手続きが必要になる。それがインフォームドコンセント（informed consent；説明された上での同意）の手続きだ。

　医療機関で医師から治療方法等の説明を受け同意のサインを求められる「インフォームドコンセント」を経験した人もいるだろう。このサインのとき、医療機関に身を委ねてしまう感じがすることもあって、医療機関側のリスク管理のための手続きと思いがちだ。しかし、この手続きも無く、医者に言われるままに治療が進められるよりも、患者の自己決定権が尊重されている。これが「インフォームドコンセント」の手続きの目的だ[8]。

　いま、不利益やリスクを被る人から同意を得ようと説得する場面を考えよう。このとき大事なのは、相手の人格（医者であれば患者の人格）を尊重することだ。相手に無理強いするのではなく、自由意思で判断してもらうこと。そのためにも正しく説明し、必要な判断材料を示した上で、同意を得る手続きが必要になる。もちろん、同意を得た後も、事前説明したことは約束なので守らねばならない。

☆正直性

　インフォームドコンセントを得ようとするとき、正直に説明することが大事だ。しかし、これから起こることだから見込み通りにならないこともあり得る。それでも嘘をついたことにならないようにする必要がある。

【事例5.3】原発の「絶対安全」神話と事故による裏切り[9]
　原発計画に対して誘致を目指す自治体ではどこでも、原発賛成派と反対派の

---

8 インフォームドコンセントでは、一度同意したことでも、後から変更することが一般的に許されている。

9 福島原発事故独立検証委員会『調査・検証報告書』日本再建イニシアティブ，2012 を参考にした。

激しい対立が起こる。その中で「原発は安全」という神話、「絶対安全」という言葉が生まれてきた。住民側に、危険なものを置いていることを意識したくない心理が働き、それに対して電力会社等の推進側にも、原発にはさらに安全性を高める努力が求められていることを正直に言うことへのためらいが生じて、「安全」と言い切ってしまったからだ。

しかし実際には「絶対安全」なわけはなく、原発事故が起こった。「絶対安全」という電力会社側の言葉に安心していた住民が、被災し避難を余儀なくされたことに対して、裏切られたと感じるのも無理はなかった。

インフォームドコンセントの事前説明でも、後から嘘をついたことになってはいけない。その行為や対策が必要な理由、取り得る選択肢、それぞれのリスクや危険回避の方法、支援の体制などについて説明しなければならないが、不確実なことがあれば、それも明確に説明する必要がある。

実際、医療機関のインフォームドコンセントでも、例えば手術の失敗の確率やどのような事態が起こり得るかについても説明するし、患者側からの質問に答えたり、逆提案にも耳を貸してよりよい治療方法を検討しなおすこともある。

インフォームドコンセントの説明では、相手の立場になって、相手が自分の人生を自分で決める自己決定権を十分に尊重する姿勢が大切だ。

☆手続きの大切さ

学校生活では、問題が出されたら正解は１つで、多くの場合回答が正しければどんな解き方でも構わなかった。そのため私たちは、倫理的かどうかについても「倫理的な正解」が分かればそれだけで安心してしまい、結果さえよければそれでよいと考えがちだ。しかし、倫理が評価されるのは、結果やその影響だけでなく、判断や行動、そのプロセス、また無意識のうちににじみ出てしまう表情やしぐさといったものまで含まれる。中でも、行動のプロセス＝手続きには、様々な人間関係の中で行われるため、目的や結果と同様に倫理的な配慮が求められる。「順番を間違えない」「ちょっとした気遣い」といったこともまた、人間関係良くうまく生きていく上で大切だ。

例えば、影響を受ける人がいる場合は、「自分たちには権利がある」「法的に問題無いから大丈夫」ではなく、影響を受ける人たちに事前に一声かける、説明する、同意を得る、といった手続きが大切になる。また、他部署の部下に仕

事を頼むなら、その上司に了解を得る必要がある。「頼むぞ」とか「助かった、ありがとう」とかの声掛けは、相手に気持ちよく受け入れてもらったり、チームワークを良くしたりするのに役立つ。

☆同意の効力の限界

ここまで、黄金律、功利主義、公衆優先原則、カントの義務論でも正当化できない場合に適用するインフォームドコンセントあるいは同意の手続きについて述べてきた。では同意という手続きは万能なのだろうか？

日本ではたとえ同意があっても、違法なことをしてはいけないし、違法であれば同意自体が無効とみなされもする。同意殺人や自殺ほう助は刑法上の罪になるし、労働基準法に反した労働契約は無効だ。

また、たとえ同意が取れても、正直な説明がなされていなければその同意を取り消されても仕方がないし、訴えられることさえある。

同意という方法も、社会通念上あるいは法律上許される範囲でしか通用しない。

---

☆グループディスカッション
Q5.4 を議論しよう。

---

Q5.4【事例5.2】で、同意を得て事故対策に向かわせた管理者側には、どのような責任が生じているだろうか。

♦6章に向けた個人課題♦

法律を守ることと倫理的であることとの間には、どのような関係があるか、考えておこう。

# 第6章 法を守ることと倫理

## 6.1 法律を守ることと倫理

ここまで実際的な倫理を考えてきたが「法律さえ守っていれば、罪に問われることはないから倫理的なのではないか？」と思っている人もいるだろう。まずこの疑問について、次の事例で考えてみよう。

【事例6.1】エキスポランド・ジェットコースター事故（2007年5月5日）

▷事故・原因・影響

大阪万博跡の遊園地エキスポランドの『風神雷神Ⅱ』は、立ち乗り型のジェットコースターだ。走行中に車輪がレールから突然外れて車体が大きく傾き、事故は起こった。乗客の若い女性1名が左側の鉄柵と車両に頭部を挟まれて即死。衝突の衝撃で負傷者21名を出す惨事となった。

物理的な原因は、車軸が金属疲労によって破断したことだった（写真6.1）。金属疲労とは、金属部材に曲げ伸ばしあるいは引張りを繰り返す力が働くとき、その部分にできた微小なキズが繰り返しのたびに僅かずつ広がる現象である。

車軸では、車体を支えるためにたわむので、半周ごとに曲げ伸ばしの力が交互に働き、疲労亀裂が外周から内部に向かって進展する。そして最後にまだ割れていない断面積で荷重を支えられなくなると一気に破壊し、全体破断に至る。

大阪府警公表
写真6.1 事故車両の折れた車軸

疲労破壊は、亀裂が小さいうちに発見できれば破断を防ぐことができる。しかし、この亀裂は微細で表面を目視しただけでは決して検出できない。そのため、JIS規格「遊戯施設の検査標準」でも、遊園地業界の「遊戯施設・安全管理マニュアル」でも、年1回以上の探傷試験という特殊な検査を要求していた。
　ところが、同園ではこれまで一度も探傷試験を行ったことがなく、目視検査のみで合格判定していた。同園から市への2004年以降の定期検査結果報告では、破断した車軸を含む全項目で「A」評価で合格だった。事故の技術的な原因は、疲労破壊を防げない目視検査のみで済まされ、探傷試験をしていないことだった。
　この事故を受けてエキスポランドは約3か月間休園、それから園としての営業を再開したものの、来園者が事故前の約2割に激減したため、同年12月に再び休園し、2009年2月廃園に追い込まれた。

### ▷規格とマニュアル

　事態は同園だけにとどまらなかった。国土交通省が全国のジェットコースターの検査状況を調査したところ、設置以来一度も探傷試験をしていないコースターが72基もあったのだ。多くの施設ではJIS規格が探傷試験を定めていることを知らなかった。これを受けて国土交通省は、JIS規格に基づく適切な点検・検査を指示した。そして点検・検査が終わるまで全国の多くの施設でジェットコースターが休止する事態となった。JIS規格や業界マニュアルは、実態として担当する現場の整備者にも周知されていなかったことになる。
　JIS規格はもともと「鉱工業品の品質の改善、生産能率の増進その他生産の合理化、取引の単純公正化及び使用又は消費の合理化を図る」ことが目的で、そのものには法的拘束力は無い（工業標準化法）。しかしその制定過程では、メーカーの技術者や学識経験者などの知恵が盛り込まれているから、実質的な技術規格としての性質を備えている。一方でJIS規格を制定する日本工業標準調査会には、規格を周知徹底する役割は負わされていない。
　これに対し、業界マニュアルは、エキスポランド社長が会長を務める全日本遊戯施設協会によって作成されたものである。それが徹底されていなかったことに対しては、何のために作ったのか、強く問われても仕方がない。

▷検査者

　ジェットコースターは、エレベータやエスカレータと同様、建築基準法に基づいて管理されている。しかし、エレベータなどがビル保有者ではなく専門業者によって整備されるのに対し、コースターは通常、所有企業の社員が整備する。このことによって、検査技術者が技術に対する誠実さよりも所属企業への誠実さを優先させた可能性や、所属企業内の常識を技術の常識と錯覚することになった可能性も否定できない。

　この事例では、ジェットコースターの検査者、点検整備者は法律違反をしていない。JIS規格や業界マニュアルは法律ではないからだ。しかし事故は起こった。確かに、事故を起こしたら「注意義務違反」などで「過失」が問われることになるが、法律違反しなければ重大な倫理問題にならないわけではない。

Q6.1　この事例では、**検査者だけでなく、ジェットコースターを設計し製造した技術者もまた安全に配慮できることがあっただろう。指摘しよう。**

## 6.2　法と技術

　同じ法や規格でも、どこまで適用するかの判断は人が行う。例えば、日本の道路交通法の制限速度規制は、実態としてある程度の速度超過までは許す運用になっている。法律ですべてを画一的に規制できないために、倫理的な判断を働かせる余地が残っている。

　また、技術などの実践に対して法律が後追いにならざるを得ない事情もある。例えば、法律が必要だと認識されるのはどういうときかを考えてみれば、論理的に問題が生じると洞察された時点というわけではない。実際に問題が生じる場面が全く生じないならば、論理的にはどうあれ、その法律は不要だ。法律が必要になるのは、ある程度大きな社会問題になることが認識されるとともに、それを規制し管理する適切な方法がある場合だ。そのような状況が分かるのは、実施後ある程度時を経てからになることが多い（ヒトクローン技術の開発のように全てを禁止する場合には、可能性が洞察された時点で規制することも可能だが、このようなことは例外的だ。また、何でも怖がって初めから全否定する

のは簡単だが、それではあらゆる進歩をあきらめるしかなくなる。有効に規制するには、実態に即して決めていく必要がある）。

Q6.2 法や制度の整備が不十分であることに気づくことができるのも、その分野の専門職であろう。そのような状況に気づいたとき、専門職業者は自分の業務に対してどのような態度で取り組めばよいだろうか。また、法や制度の不備に対してどのような行動をとるべきだろうか。

### 6.3 製造物責任

すでに体験したことだったり、容易に予測できたり、トラブル事例や解決方法が報告されていたりするなら、そのような事故は調べれば回避することができる。これを実質的に製造物の生産者などに求める法律が「製造物責任法（PL法；Product Liability 法）」だ。

PL法では、「当該製造物の特性、その通常予見される使用形態、その製造業者などが当該製造物を引き渡した時期その他の当該製造物に係る事情を考慮して、当該製造物が通常有すべき安全性を欠いていること」を「欠陥」とし、その「欠陥」によって「他人の生命、身体又は財産を侵害したときは、これによって生じた損害を賠償する」ことを定めている。

不動産や未加工の農産物、電気、ソフトウェアなどはこの「製造物」に含まれないが、不動産（例えば家屋）の一部となった動産（例えば窓やドア部品）や加工された農産物等は対象になる。

PL法に基づけば「当該製造物を引き渡した時期」に既に危険性の報告や対策等を調査し回避する義務が製造者などに負わされていることになる。

### 6.4 説明責任

法を守ってさえいれば倫理的だという考えが間違っていることは、政治家などの記者会見を思い浮かべてみても分かる。「私は第三者の調査でも違法性はなかった」というだけでは、世間からの非難の声がおさまらない。

そんな、法だけでは済まない事例は、事故の場合でも身近でも起こる。例えば、旅行が遅刻者のためにスケジュール変更せざるを得なくなったとき、そこで問題になるのは法ではないが、場合によっては人間関係に影響する倫理問題になる。だから遅刻者に対して理由をきく。

　他人に迷惑を掛けたら、その行為について説明が求められるのは当然のことだ。このような責任のことを説明責任（accountability）と言う。説明責任とは、その判断や行為をしたときに既に潜在的に生じている責任であり、尋ねられた場合にはその判断や行為について説明する責任のことだ[10]。

　「説明責任」は、「説明する責任」ではない。説明すれば倫理的に納得されるわけではない。既に倫理的に考えて判断や行動した場合には、それなりに納得されるだろう。また判断や行動が誤っていた場合でも、その現実に潔く向き合っていれば、許されなくても納得されることもある。ただ、批判や現実に潔く向き合わない「逃げるための説明」と映れば、「説明責任」を果たしたとはみなされない。

### ☆「説明責任」における説明

　「説明」というと、客観的な事実に基づいて説明することと考えがちだが、「説明責任」で求められるのは「あなたはどうしてそういう判断や行動をしたのか？」への回答だ。だから、「○○という事実があったから、○○という判断をした」と客観的事実を説明しただけでは不十分だ。客観的な状況に対して、「自分はどう認識し、どう評価し、どうすべきと判断した」という主観的事実と、実際に起こった客観的な事実の両方を説明する必要がある。

　私たちは「判断」するとき、必ず事実認識とともに価値評価もしている。「より良い方向に変える」「悪いことを回避する」ための判断には、必ず「良い」「悪い」という価値評価を含んでいるからだ。だから「判断」とそれに基づく「行動」を説明するとき、事実関係だけでなく、自分なりの価値評価の内容についても説明が要る。

---

[10] 日本では専ら「説明責任を果たす」と言われ、「説明する責任」と理解されることがある。しかし、実際には説明しても「説明責任を果たしていない」と言われることも多い。本書での定義は、「説明責任：”accountability”」の原形：”accountable”の原意に基づいている。

> ☆グループディスカッション
> Q6.3をディスカッションしてみよう。

Q6.3 「説明責任が問われたら、とにかく謝罪すればよい」という考え方がある。この考え方について意見を述べよ。

## 6.5 倫理的想像力

　法や規則などは、何らかの判断や行動をするときの基準になる。また、前章で取り上げた黄金律や功利主義、公衆優先原則、カントの義務論や同意・インフォームドコンセントなどの手続きもまた、倫理的判断の参考になる。しかしそれだけでは倫理的な判断ができないことも多い。それは、自分が思っている以上に、実際的に影響が広がってしまう可能性があるからだ。

　同じことは、技術者倫理に典型的な「安全」の問題にもあてはまる。例えば次のような事例である。

### 【事例6.2】シュレッダーによる子供の指巻き込み切断[11]

　営業機密や個人情報保護のため、書類を細断するシュレッダーが普及する中、2006年8月、事務用シュレッダーによって幼児の指が切断される事故が2件あったと経産省が発表した。3月には静岡市内の2歳女児が自宅兼事務所にあったシュレッダーに両手を差し込み、指9本を切断。7月には東京都板橋区で2歳男児が左手を巻き込まれ指2本を失ったという。国民生活センターとメーカーによると、これまでにも14～15件同様の事故があったらしい。

　事故が起こると、『本来、業務用に使われるシュレッダーに子供が誤って手を突っ込んだ』『事故の原因は製品上の欠陥ではないと考えた』などの説明がなされる。そして『まれな事故』として見過ごされてきた。

---

[11] 山中龍宏「シュレッダーによる傷害について」(http://www.cipec.jp/)を参考にした。

### 6.5.1 使用者・使用方法、他人の受け取り方の想定の難しさ

メーカー側の技術者がシュレッダーを開発する際、まず自分たちの事務所のような使用条件を想定してしまう。しかし実際は、事務所であればどこでも、住宅兼用の自営業でも使われる。そこではどんな小さな家族でも接触可能だ。このような使用も、製造物責任法が要求する「通常予見される使用形態」に当たる。

このような使用者や使用法を想像できなければ、公衆優先原則が要求する「安全、健康、福利」も最優先できない。

また、同じ行為でも、例えば加害者側と被害者側では事の重大さが違ってくる。さらには、人によって大切な物事が違うから、自分はそう大切ではないと思う物事も、被害者にとってはとても大切な思い出や生きる力を与えてくれる大切なものかもしれない。

私たちは、他人は自分と同じような価値観を持ち、自分と同じように行動するかのように想定しがちだが、実際は全ての人には個性があり、価値観にも違った部分がある。そういったことまで想定できなければ、倫理的行動はできない。

### 6.5.2 因果的な想像力

製造物やサービスは社会や自然環境の中で機能し始めた時、それがどのような影響を及ぼすか、あるいは自分の行動や発信が社会にどのような反応を生み出すかについても、想像できる必要がある。そのためには、他者や過去の経験に学び、一定の想像力を備えておく必要があるだろう。

Q6.4 技術者をはじめ産業的な行為者は、製品を実現したりサービスを提供したりすることについては専門家だが、その過程や結果が及ぼす、使用者や社会への影響については、多くの場合専門家とは言えない。では、できる限り想定外を無くすためには、どのようなことに心掛けるとよいだろうか？できるだけ多く指摘せよ。

◇倫理的想像力を鍛える

倫理を含めて間違いを減らすためには、過去の経験や他人の意見に学ぶことが大切だ。しかし、第三者的に漫然と眺めているだけでは学んだことにならない。自分が当事者になった場合を考え、シミュレーションするように学ぶこと

が大切だ。

　そのような学びには、その当事者のおかれた状況、人間関係や責任などを理解することが必要になる。これは他者のことをよりよく理解する力を養うことと同じだ。すなわち、異分野・異文化コミュニケーションの力の養成にもなる。

　逆に、異分野・異文化の人と話すことによって、相手の立場を理解して適切に行動する倫理的能力も高められる。

◆第7章に向けた個人課題◆

「安全対策を重ねればより安全になる」という考え方がある。
この考え方については貴方はどう思うか。

# 第III部

## 安全・リスク対応の技術

　技術者倫理の事例の多くは技術の失敗によるもので、そのまた多くは安全やリスクの問題だ。しかし多くのカリキュラムでは「安全学」のような科目が無かったり、あっても必修でなかったりする。だからこの3つの章でその基礎を学ぶ。

　第7章と8章で扱う職場安全活動とその基礎理論は、ほとんどの技術者が関わることになる。また活動と理論の発展を確認することで、実践の中で学問的反省が行われ、実学としての安全の理論が発展してきたことを確認する。

　また、第9章では、不確実性を免れず、時に大きなリスクを生み出してしまう性質がある技術の行為において、どのように実害（被害や損害）を最小にしているかについてまとめている。このような知恵は、多くの職場で、業務を通じ経験的に自然に受け継がれてきているものだ。ただ、すべての職場で十分に受け継がれているわけではないので、その基本をぜひともここで理解してもらいたい。

　それが、これから社会に出て試行錯誤の実践に携わる一員として、技術の不確実性をうまくコントロールし、公衆優先原則を実際に守っていくための必要最低限の知恵を準備することになる。

# 第7章 安全の倫理1

## 7.1 日本の労働安全活動

　日本の労働安全活動は1912年に足尾銅山で「安全専一」の掲示をしたのが始まりとされるが、本格的な展開は1972年以降である。それまで間、戦争への突入、敗戦（1945年）、戦後復興の時期があった。1947年には労働基準法が制定され、労働安全と労働衛生の全国規模の組織ができて労働安全活動が発展する一方、戦後復興と発展の中で労働災害も増加していた。1956年(昭和31年)の経済白書に「もはや戦後ではない」という言葉が使われ高度経済成長に突入したが、その頃には労働災害によって年間6,000人もの犠牲者が出ていた（図7.1）。

　1972年に労働安全衛生法が施行され、翌年からゼロ災害全員参加運動が始まると、労働災害の犠牲者が劇的に減り始めた。このことは、いかに社会的組織的な意識づけや取組みが大切かを示している。

　その後も1978年には「危険予知訓練」（KYT：Kiken-Yochi Training）が導入され、1981年には指差し呼称キャンペーンがなされるなど、安全成績が停滞する度に、現場的な工夫が加えられていく。

　国際的には、1999年に労働安全衛生マネジメントシステム規格 OHSAS18000 が制定され、安全衛生活動が経営トップが関わるべき経営全体の課題と位置づけられた。そして2003年には論理的な機械安全の規格体系（ISO 12100とISO 14121リスクアセスメント規格を頂点とする機械安全の規格体系）が制定された。2006年には日本でもリスクアセスメントが取り入れられ、2015年には中央労働災害防止協会から「機械安全規格を活用して災害防止を進めるためのガイドブック」が発行された（図7.2）。

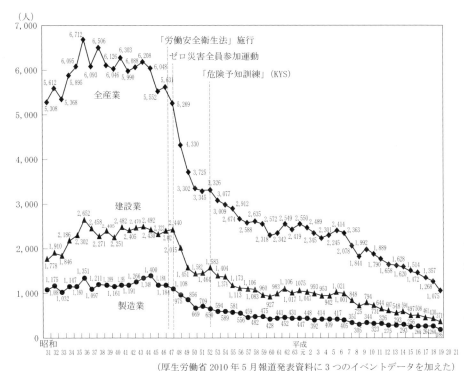

(厚生労働省2010年5月報道発表資料に3つのイベントデータを加えた)

図7.1　死亡災害発生状況の推移（1955年（昭和30年）〜2006年（平成18年））

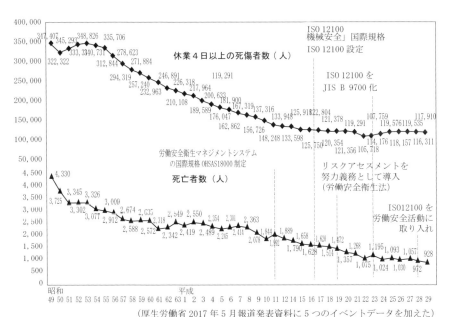

(厚生労働省2017年5月報道発表資料に5つのイベントデータを加えた)

図7.2　労働死傷者発生状況の推移（1974年（昭和49年）〜2016年（平成28年））

## 7.2 現場的な労働安全の方策

### 7.2.1 危険予知訓練（KYT）

1978年に始まった「危険予知訓練（KYT）」は、現場にある危険を事前に摘出し注意して作業することの習慣化を狙っている。

その基礎は、不安全状態（①）と不安全行動（②）が重なると事故が起こる、という当然の理屈である（図7.3）。これをもとに、例えば図7.4のような絵で①と②を指摘させる入門的な訓練をする。そして実地の現場状況に適用して、不安全状態①の解消と不安全行動②をしないよう意識づけを行う。

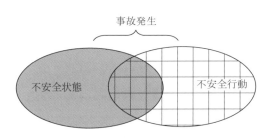

図 7.3　事故と不安全状態・不安全行動

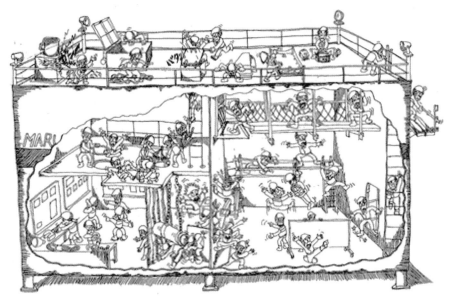

（今治造船ボート部ブログ http://imazo-rowingteam.blog.so-net.ne.jp より）

図 7.4　危険予知訓練の一例：「不安全状態・不安全行動を指摘せよ」

### 7.2.2 自動化・機械化

　高等教育を受けた技術者による安全対策は、自動化・機械化だった。事故原因の約80%はヒューマンエラー、残りが機器故障という経験則から、安全対策には人の関与を極力なくし自動化するのが有効だ。自動化・機械化は、作業の効率化や確実化、品質の管理と向上にも役立つ。

　しかし、このような現場的な対応や自動化だけでは防げない大きな事故が起こるようになってきた。

## 7.3　深層防護の失敗とスイスチーズ・モデル

　現代の技術は、複雑化し巨大化している。原発、電力供給、航空、宇宙、道路・自動車、通信などは、それ自体が複数の工学的・科学的なモノからなる複雑なシステムであり、またそれが他のシステムと結びついてさらに大きなシステムを構成している。

　このように巨大化したシステムでの安全確保を、個別の機械化・自動化や現場的な改善と躾によって、気づいたところから行っていく方策は、いわば対策のパッチ当てを重ねるようなものである。

　このような、パッチを重層的に当てていく「深層防護」[1]は、それでも重ねていけば限りなく安全に近づくようにも思える。しかし実際には、この意味での「深層防護」では重大事故を防ぐことはできなかった。そのことを有名な事故から確認していこう。

【事例7.1】スリーマイル島（TMI）原発事故（1979年3月28日）

　アメリカのスリーマイル島原発2号炉は、1979年に稼働した加圧水型原子炉（出力96万kW）である。核燃料に接触する一次冷却水は環境中に放出されないように密閉されたルートを循環し、蒸気発生器で二次冷却水を加熱蒸発させてタービンを回して発電する（図7.5）[2]。

---

[1]「深層防護」には、他にも違った意味でも使われている。例えば原発技術では、「第1層：異常状態の防止、第2層：異常運転の検知と制御、第3層：設計基準内の事故の制御、第4層：事故の進展防止とシビアアクシデントの緩和、第5層：放射性物質の放出による周辺での放射線影響緩和」とされる。

[2]　畑村洋太郎,実際の設計研究会著『続々・実際の設計』日刊工業新聞社,1996年図5.21.1の修正引用。

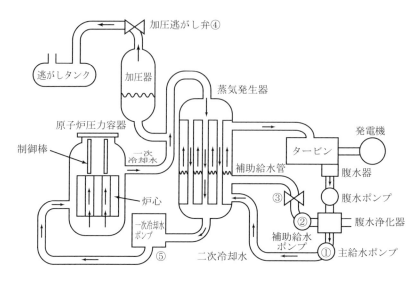

(出典：参考文献（42）p.410　図5.21.1の引用にあたり本文との対応づけのため、〇番号を付した)

図7.5　加圧水型原子力発電設備のフロー概要

　1986年ソビエト連邦のチェルノブイリ原発事故、2011年の福島第一原発事故に次ぐ重大な原発事故は、稼働の3か月後、次のように発生した。

　発端は、二次冷却水系の主給水ポンプの故障停止だった（故障1）。このような故障に備えて設置されていた補助給水ポンプ②が直ぐに動き出す。しかしそれから8分間、蒸気発生器への給水は止まったままだった。開いているはずの補助給水バルブ③が、点検時のミスで閉まったままだった（ミス2）。

　二次冷却水が止まったため、蒸気発生器で一次冷却水が有効に冷却されず、温度と圧力が上昇した。すると異常な圧力から一次冷却水系の配管を保護するため、加圧逃し弁④が正常動作で自動的に開き、高温の一次冷却水が逃がしタンクに流出した。原子炉も緊急停止したので炉内の圧力が低下し、それによって加圧逃し弁④を閉じる制御がなされた。表示板も閉の表示となったが、実際はこの弁④は故障で閉じていなかった（故障3）。弁④が閉じていないことに気づくのは2時間20分後になる。その間、約80トンの一次冷却水が逃がしタンクもあふれ出したが、その頃には制御室は100以上の警報が鳴るなど大混乱していた。

炉内圧力が下がったことで、緊急炉心冷却装置（図には無い）が正常に作動し、毎分4トンの水を原子炉内に注入し始めた。しかし加圧逃し弁が開いているために圧力が上がらず、ほぼ1気圧の一次冷却水は約100℃で直ぐに沸騰してしまう。これにより、加圧器の水位が蒸気の泡を含んだ冷却水によって見かけ上上昇する。これを見た運転員は一次冷却水が一杯になったと判断し、手動で緊急炉心冷却装置を止めてしまう（ミス4）。これで一次冷却水が沸騰し始め、沸騰による異常振動を誤検知して今度は一次冷却水ポンプ⑤が自動停止してしまう（一次冷却水ポンプはそれ自体の異常から保護するため、振動を検知すると自動停止するようになっていた）。
　炉心（核燃料）は緊急停止しても核反応が完全には止まらないから、緊急炉心冷却装置も一次冷却水ポンプも停止した一次冷却水は、沸騰蒸発により水位が下がり、炉心が露出した。露出部の炉心は2000℃に達し、核燃料を被覆する金属ジルコニウム管が溶融、これと高温水が反応して水素ガスが発生し、10時間後には水素ガス爆発を起こした。また炉心は一部がメルトダウンした。
　圧力逃し弁から逃がしタンクを通じて流出した一次冷却水は、原子炉格納容器の床にたまり、床の水溜めのポンプで補助建屋に送られ、ここから放射性物質が外部に漏れ出した。
　その後、炉内注水により炉心は自然循環で冷却される状態に至ったが、水素ガスや放射性ガスの発生が続き、約$3.7 \times 10^{17}$ベクレルの放射性物質が大気中に放出された。3日後、半径5マイル（約8km）以内に住む妊婦と幼児に避難勧告が出されるなど大きな事故となった。

　ここに描いたのは、後から事故原因を究明し、結果的に大事故に結びついたトラブル、ミス、原子炉装置の反応などのシンプルなつながりだけだ。この事例の本当の複雑さや難しさは、ここに描き切れなかったところにある。実際の現場では、様々な自動化や安全装置、センサー、計器類が働いており、100もの警報装置が鳴り響いていた。その中で運転員は、どれが誤作動でどれが本物か、どれが致命的でどれが後回しにしてよい警報か、あるいは原子炉装置が実際にはどうなっているのかを推し量るデータの選択、正常に機能している装置とそうでない装置の見極めなど、とても難しい判断が要求されたはずだ。時々刻々変化する状況に対して、有効な対策をしなければならない焦りの中で、進

行中の状況が自分たちのそれまでの対処でどのように変化してきたのかも冷静に思い起こさねばならなかったはずだ。

### ☆スイスチーズモデル[3]

イギリスの心理学者J.リーズンは、「深層防護」に潜む問題を次のように指摘している。「システムをより複雑にし、その管理や運転者にとってシステムが不透明なものになってしまうことである。このようなシステムでは、人間は肉体的にも知的にもシステム本体から距離をおくようになってしまった。この結果、潜在的原因が知らず知らずのうちに積み重なっていく」。

そして、いったん即発的エラー(直接的なエラー:【事例7.1】-(故障1))が起こると、それを引き金にして潜在的原因がつながり、「深層防護」を貫いて大きな事故(【事例7.1】-メルトダウンなど)に至る。

これらの穴の空いたパッチ、防護階層の重なりは、あたかも穴の開いたスイスチーズのようなので、リーズンは"スイスチーズ・モデル"と名付けた(図7.6)。

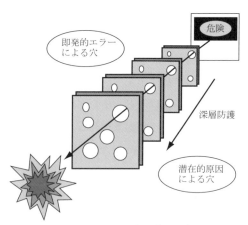

図7.6 スイスチーズモデルと事故の発生

---

3 この部分は、ジェームズ・リーズン著-塩見弘監訳『組織事故』日科技連出版社,1999年を参考にした。図7.6も同書からの引用。

## 7.4　労働安全活動に取り入れられた機械安全の考え方[4]

人は間違いを完全には無くせないから、「深層防護」でも結果的にエラーを作りこんでしまう。また分かりやすいシステムにしなければ、トラブルへの対処も難しくなる。だから、防護をより確実にするには次の2つが大切だ。
(1)　安全対策を合理的に配置することによって階層の数を減らす
(2)　個々の防護をシステム全体に対して合理的かつ確実にする

後者については、安全工学に体系化されており、それだけで1科目以上の分量がある。ここでは前者「(1)安全対策を合理的に配置する方法」の基礎を学ぶ。これは欧州で発達した機械安全の考え方、それを体系化した国際規格の基本規格（ISO 12100）、それを導入した今の日本の労働安全の考え方でもある。また、機械以外の安全にも援用できる発想法も含んでいる。

### 7.4.1　危害発生のメカニズム

安全対策を合理的に組み上げるには、まず危険源から事故に至る"危害発生のメカニズム"（図7.7）を理解する必要がある。

"危険源（hazard）"とは、危険源に人が接触することによって事故が起こる、危害を引き起こす潜在的根源のことである（表7.1）。

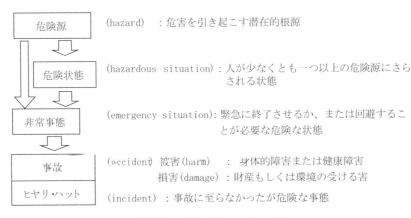

図7.7　危害発生のメカニズム

---

[4] この部分は主に中島洋介著『安全とリスクのおはなし』日本規格協会、2006年を参考にし、図7.7、7.8も一部修正の上引用。

**表 7.1 機械安全の危険源の分類と事象例**

1. 機械的危険源：押しつぶし、せん断、切傷、切断、巻き込み、引き込み、捕そく、衝撃、突き刺し、突き通し、高圧流体の噴出
2. 電気的危険源：充電部との接触、絶縁不良、静電気など
3. 熱的危険源：火災、爆発、火傷、熱傷など
4. 騒音による危険源：聴力喪失、耳鳴り、平衡感覚の喪失など
5. 振動による危険源：腰痛、全身の障害など
6. 放射線による危険源：低周波、無線周波、マイクロ波、赤外線、可視光線、紫外線、X線、γ線、α線、β線、レーザ放射など
7. 材料による危険源：有害性、毒性、腐食性、粉塵、ミスト、爆発など
8. 非人間工学的危険源：不自然な姿勢、精神的な負担、ヒューマンエラーなど
9. すべり、つまづきおよび墜落の危険源：床面、接近手段の軽視による傷害など
10. 危険源の組み合わせ：ささいな危険が組み合わされての重大な危険など
11. 機械が使用される環境に関連する危険源：危険源温度・風・雪・落雷など)を生じる可能性のある環境下での運転など

"危険状態（hazardous situation）"とは、人が少なくとも1つ以上の危険源にさらされる状態。そして、緊急な回避行動が必要な状態が"非常事態（emergency situation）"で、突発的な故障、誤った操作や予想外の介入、地震や停電などによって突然発生することもある。その回避行動に失敗すると"事故（accident）"が発生し、人への"危害（harm）"や財産や環境への"損害（damage）"を与える。幸いにして緊急回避行動が成功したり、偶然にも危険状態があっても事故に至らなかったりする場合、日本では「ヒヤッとした、ハッとした」感覚から"ヒヤリ・ハット"と呼び、"incident"として扱われる。

Q7.1 「危険源があってはいけない」というのは理想だ。では、危険源を用いないで技術的な道具や設備、施設を現実的に実現できるだろうか？身の回りにある技術的なモノに含まれている危険源を指摘しながら考

えてみよう。

## 7.4.2 3ステップメソッド (3step-method)

危害発生のメカニズムの各段階で安全対策をとるのが、3ステップメソッドと呼ばれる安全対策方法だ（図7.8）。

**＜第1ステップ＞：本質安全設計方策・・・危険源への対策**
　・危険源の除去：(例)踏切を無くせば踏切事故は無くせる（新幹線）
　・危険源の危険性の低減：(例)自動改札機の柔らかい遮断扉

**＜第2ステップ＞・・・暴露や接触を防ぐ方策**
　その1．安全防護・・・危険状態にしない方策
　　（例）ガード、カバー、インターロックなど　（具体例：自転車のチェーンカバー、止まらないと開かない洗濯機の扉）
　その2．付加保護方策・・・非常事態から逃れる手段
　　（例）非常停止スイッチ、消火装置、非常用階段など

**＜第3ステップ＞：使用上の情報の提供**
　第1,2ステップは、技術的なモノの側で行う対策だが、それでも残された危険性については、安全に扱うための情報を適切に提供し、うまく使ったり接したりできるようにする。
　　（例）シグナル、表示、音声アナウンス、取扱説明書、教育など

**＜ステップの順序を守る＞**
　この3つのステップは、前のステップでできることは後のステップに残さない。前のステップでできなかったことを後のステップでカバーするように進める。

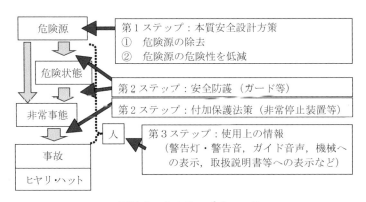

図7.8　3ステップメソッド

> ☆グループワーク
> Q7.2を、ディスカッションしてベストな案を考えよう。

Q7.2 次の、機械安全の考え方が導入される前の設計になる事例を読み、3ステップメソッドを適用してより安全な自動回転ドアを考え、それぞれのステップでの対策を考案せよ。ただし、本質安全設計では「自動回転ドアを採用しない」という選択肢は選ばないこと。

【事例7.3】六本木ヒルズ自動回転ドア事故[5]（2004年3月26日）──────

　朝11:30頃、東京都港区六本木の大型複合施設「六本木ヒルズ」森タワー2階正面入口の自動回転ドアで事故は起きた。母親と観光に訪れていた男児（6歳）が、大型自動回転ドアの回転部とドア枠の間に頭部を挟まれ死亡した。

　回転ドアは、直径約4.8m、高さ約2.4m、2つの歩行スペースの間（中央部）はスライドドア機能があるが、当日は回転ドアとして使用されていた（図7.9）。

　反時計回りで片側に大人7人まで入れ、事故時は最高速度（最外周で約80cm/秒）で回転していた。ステンレス枠の全面ガラス張りで、駆動モーターや制動装置は回転部の天井部に乗っている。回転部の総重量は約2.7トン。

　回転ドアにはこのような挟まれ事故を防止するため、次の3つの危険防止センサーが設置されていた。

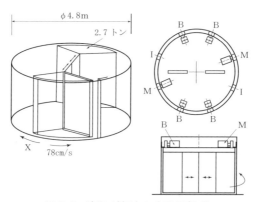

図7.9　事故が起きた自動回転ドア

---

5　この事例は、畑村洋太郎著『実際の設計選書　ドアプロジェクトに学ぶ　検証回転ドア事故』日刊工業新聞社, 1996年に基づく。図7.9も同書からの引用。

### 表7.2 六本木ヒルズ自動回転ドアの事故及び対策の経緯

| | |
|---|---|
| 2003年6月 | 8歳男児が自動回転ドアに首を挟まれ救急搬送される。 |
| 12月 | 6歳女児が先に入った子供を追いかけ、頭を挟まれけが。この事故を受けて、ビルとメーカーは次の対策を実施した。<br>・回転ドア脇に飛び込み防止用のポールや植木を設置<br>・警告シールや館内放送で飛び込み禁止を呼びかけ<br>・ドア回転部端部ゴム部感圧式センサーによる非常停止の設置 |
| 同月初旬 | ・飛び込み禁止用に2本のポールの間にテープを張った柵設置 |
| 同月下旬 | ・テープ誤検知による誤動作回避のため、天井からの高さ方向赤外線センサーの感知を地上80cmから120〜130cmに変更 |
| 2004年3月26日 | 本事例の死亡事故発生 |

[センサー1] 天井から高さ方向の赤外線センサー

当初は高さ80cm以上のものを感知したらドアを自動停止する設定だったが、誤作動が多いため、事故当時は高さ120〜130cm以上に修正されていた。

[センサー2] 固定枠部下部水平方向の赤外線センサー

足の挿入を想定し、高さ15cmに設置されており、感知するとドアを自動停止する。

[センサー3] ドア回転部端部のゴム部感圧式センサー

ドア端部に触れると自動停止する。

しかし、男児は身長117cmで、頭から突っ込んだとみられ、センサー1と2はいずれも感知しなかった。センサー3は作動したが、慣性のため停止まで25cm動くことがその後の調査で確認された。

▷以前から事故は起きていた

2003年4月25日の同施設のオープンから、この回転ドアは32件の事故（挟まれ、衝突）が起きていた。うち、重大な挟まれ事故が2件あり、ビルとメーカー側は表7.2のような対策をしていた。

◆第8章に向けた個人課題◆

第8章—8.1節「8.1.1 設計アウトプットのリスクアセスメント」を読み、Q8.1に取り組んでおこう。

# 第8章 安全の倫理2

## 8.1 リスクアセスメント

### 8.1.1 設計アウトプットのリスクアセスメント

前章Q7.2では3ステップメソッドで安全設計を試みた。しかしより確実にするには、そのアウトプットを製造や建設、サービスなどのプロセスに移す前に、安全性を検証するリスクアセスメントが必要だ。

「リスク」の工学的な定義は次のような式で表される。

「リスク」＝「危害のひどさ」×「危害の起こる可能性（予想頻度）」

「リスク」は例えば表8.1のように表現し評価することができる。

表8.1　リスク評価表（一例）

| 危害のひどさ ＼ 危害の発生頻度 | 数十年まれに | 数年たまに | 数ヶ月ときどき | 日常頻繁に |
|---|---|---|---|---|
| 微傷 | | | | |
| 軽傷 | | | | |
| 重傷 | | | | |
| 死亡・重大 | | | | |

Q8.1　前章Q7.2で自ら考案した自動回転ドアの安全対策を、自らリスクアヤスメントせよ。まず表8.1にどの程度のリスクまで許せるか、該当枠を○で埋め、その上で自分が安全対策をした後の自動回転ドアが防げた枠を×で埋めよ[6]。

---

[6] うまく安全対策ができていれば、○と×で表の空欄はなくなる。空欄部分は、まだ安全対策が不十分なことを示している。

### 8.1.2 安全の定義

表8.1とQ8.1に対して「微傷がまれに起こるのは安全とは言えない」と思った人もいるだろう。「少しでも怪我をするような状態は安全ではない」という考えだ。

しかし「絶対安全」なモノなど存在しない。そのことは、私たちが当たり前に安全だと思っているモノについて考えてみれば分かる。

例えば、ガラスのコップや、缶飲料の飲み口だ。これらを私たちは安全なものとして社会的に受容している。それは私たちの社会がこれらの安全な使い方（危険性と危険にならない使い方）を知っているからだ。

例えばガラスや飲料缶のことを全く知らない人々がいたとして、その人たちに使わせたらどうか。そうするとガラスコップを乱暴に扱って割って怪我したり、飲料缶の飲み口に舌を入れて切ったりしかねない。

第7章-図7.3で確認したように、事故は不安全状態と不安全行動が重なったところで発生する。私たちの社会は、ガラスコップや飲料缶の飲み口を安全に扱う注意力を備えているから、これらを安全なモノとして受容できる。「不安全状態が全く無いから安全」という基準で「安全」を考えてなどいないのだ。つまり現実的に目指すべき安全は次のように定義される。

**安全：受容不可能なリスクがないこと**[7]

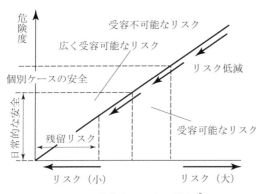

**図 8.1　安全とリスクの関係**[5]

この定義では、安全とリスクの関係を図8.1のように捉えることができる。[8]

ある程度以上にリスクが大きいと、それは誰にとっても許容不可能となり危険と判断される。またある程

---

[7] ISO/IEC Guide51:2014（JIS Z8051:2015「安全側面–規格への導入指針」）の筒当該箇所では、「許容」が使われているが、別所で「"受容可能なリスク (acceptable risk)"及び"許容可能なリスク (tolerable risk)"は同義語の場合がある」とされているため、本書では「受容可能なリスク」を採用する。

[8] 図8.1は、中島洋介著『安全とリスクのおはなし』日本規格協会、2006年から修正引用。

度以下のリスクになると、その残されたリスク（残留リスク）は広くその社会にとって受容可能となり、日常的な安全が確保されていることになる。この2つの間には、様々な個別ケースの安全の領域が存在する。例えば、自動車などの運転免許保持者や工場の訓練された労働者にとっての安全は、免許を持っていない人や一般生活で許容される安全よりもリスクが大きいが、それぞれの人にとっては受容可能だ。

このような安全の定義でも、「少しでも怪我をするような状態は安全ではない」という考えももちろんあってよい。ただ、いついかなる場合でもそうなければならないと言ってしまうと、例えば年間3,000人以上が死亡する自動車運転も禁止しなければならなくなる。安全性を追求することはどんな場合でも必要だが、許されるリスクのレベルは社会的に合意できるレベルで決まっていくことは確かだ。

Q8.2 日常的な安全のレベルも、後から出てきた製品や生活習慣によって変化することがある。例えば、スマートフォンの登場で「ながらスマホ」という行動が出てきて、自転車や鉄道のホームでの事故原因になった。同様の事例や可能性はないだろうか。指摘しよう。

### 8.1.3 安全設計とリスクアセスメント

現代のように技術的な製品やサービスが複雑になると、いったん出来上がってしまうと後から一部の不良な部分だけの修正が効かず、大幅な修正が必要になることが多い。特に安全性については、実際に事故が起こったり犠牲者がでたりした後で修正しても遅すぎる。

そのため、設計結果は必ずリスクアセスメントを行い、受容可能なリスクになりアセスメントに合格するまで設計を繰り返す。そして合格したモノだけを次のプロセスにアウトプットする（図8.2）。

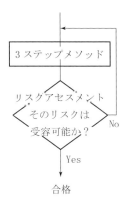

図8.2 リスクアセスメントと安全設計

## 8.2 事後に安全性を向上させる方策

### 8.2.1 事後のリスクアセスメント

設計のリスクアセスメントや製品やサービスの最終検査を万全に行ったとしても、スマートフォンが出てきた時のように後から求められる安全性が変化する場合もある。また全ての人工物の宿命として、劣化によって安全性が損なわれていく場合もある。そのため、これらのリスクを事前に評価し尽くすことは不可能だ。加えて、3ステップメソッドやリスクアセスメントが安全設計に導入される前にできたモノも、生産・製造・生活の現場に残されている。

そのようなモノやサービスを対象にしてリスクアセスメントを行うことができる。第7章-「7.2.1 危険予知訓練（KYT）」で、現場の不安全状態や不安全行動を実地に安全点検した際に、表8.1を使ってリスクアセスメントすればよい。そして設計時と同様に、受容可能なリスクに収まるように安全対策を施していく。[9]

### 8.2.2 早期是正～ハインリッヒの法則

製品を一般に提供しサービスを開始すれば、それは全数全寿命検査を実施しているのと同じことになる。そこからいち早くリスクを検知できれば、少なくとも重大な事故を防ぐことが可能だ。

ハインリッヒは1900年代前半のアメリカの損害保険会社の研究者だ。彼は労働災害5000件を統計的に調査し、1:29:300という比率を導き出した（図8.3）。

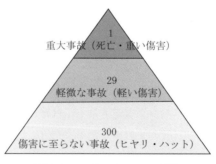

図8.3 ハインリッヒの法則

---

9 現物をチェックする事後のアセスメントの方が、設計のアセスメントより容易だ。そのため。日本でもどこでも、このような事後のリスクアセスメントの方が先に、職場安全活動に導入された。

この比は、類似した災害が330回起きるとき、そのうち300回は障害を伴わず、29回は軽い障害が、1回は重い障害に至ることを示している。これを「ハインリッヒの法則」という。このような比は、大まかな目安としては今の日本にもあてはまる。

　仮にこの比がそのまま当てはまるとすると、死亡災害などの重大な事故の発生確率は次のようになるはずだ。

- いきなり死亡災害が発生する確率　　　　＝1/330
- いきなり傷害事故に至る確率　　　　　　＝30/330＝1/11
- まず傷害に至らない事故が発生する確率　＝300/330＝10/11

　この法則は、あくまで計算上ではあるが、次のようなことが可能であることを示している。
　軽微な事故の段階で徹底的に原因究明し安全対策して解決すれば、10/11＝約91％の確率で重大事故を防ぐことができる。
　「ヒヤッとした、ハッとした」体験から傷害に至らない事故（incident）を検出し対策すれば、最大329/330＝約99.7％の確率で重大事故を防ぐことができ、300/330＝約91％の確率で軽微な事故を防ぐことができる。

### ☆「ヒヤリ・ハット運動」

　安全活動を推進している職場では、危険個所が見つかると叱られるように感じてしまう人も多いため、なかなか「ヒヤリ・ハット」の情報が報告されない傾向がある。このような情報を発信しやすい雰囲気を作り出すことが大切であり、実際に出された情報をもとにきちんと解決していくことも大切だ。

### 8.2.3　水平展開～他所の経験に学び生かす活動

　人は自分が痛い目に合うまでは「自分にはそんなことは起きない」と楽観視してしまう癖があるようだ。地震や津波などの天災への備えは常日頃からしておくべきだが、忘れたころにやって来て、同じような被害を繰り返してしまう。

**【事例8.1】大阪北部地震による死者（2018年6月18日）**

　この地震では、学校のブロック塀が倒壊し、挨拶登板で登校中の9歳の児童が下敷きになって死亡した他、ブロック塀の倒壊で1人、家の中で本棚などが倒れ本, DVDの下敷きになるなどして3人、計5人の死者が出た。

　いずれも過去の経験から地震時の危険性が警告されていた原因であり、それに対して十分な対策ができていなかった。

　また、学校のブロック塀は高さが3.5mもあり、2.2m以内と定められた建築基準法に違反していただけでなく、実際に下を通ると少し恐怖を感じることもあったようだ。

　1つの経験を他所に適用し、チェックし対処することを、「水平展開する」と言う。技術は経験だが、広く経験を活かすことが失敗を防ぐことにつながる。

### ☆「ハインリッヒの法則」をより広く適用する

　また、【事例8.1】のような「少し恐怖を感じる」状況は、「ヒヤリ・ハット」（Incident）の発生割合（300/330）よりもさらに大きな数字になっているはずだ（仮に100倍であれば、30000/30030＝約99.9%）。

　素人感覚でも、広く危険性を摘出することは、天災などへの安全の備えに対して有効に活用すべきだろう。

### 8.2.4　専門家による判断の大切さ

　【事例8.1】では、小学校は防災の専門家にブロック塀の危険性について指摘されていた。それに対してブロック塀の安全診断の専門家に依頼せず、市の素人の職員が検査して安全だと誤った判断をし、対策が打たれなかったことが明らかになっている。

　現代の人工物は、ブロック塀のような単純そうなモノでも、その安全性は知識と道具と経験を持った専門家（当該の有資格者）が判断しなければ見誤る。またその危険性に対する安全対策も専門家に頼らざるを得ない。

　逆に専門家は、自分の専門分野の素人が気付けないリスクに気づき正確に判断し対処することが求められる。

## 8.3　フェールセーフ～危険検出型と安全確認型

事故や天災は、わずかでも危険性があればいつかは必ず現実のものとなる。

【事例8.1】はそのような危険性への備えが大切なことを教えてくれるが、2003年に制定された「機械安全」の国際規格ISO 12100には、機械や設備につくり込んでしまいがちな、わずかな危険性にも対応する技術が含まれている。

高等教育を受けた者の多くは職場安全の活動に携わる可能性があるし、様々な場で危険性に適切に対処することが求められていくから、「機械安全」の技術のうち、常識的に知っておきたい基本的な技術や考え方をもう少し学んでおこう。

### 8.3.1　フェールセーフ (fail safe)

機械が故障する場合、危ない側に故障（例えば、暴走）する場合もあれば、安全な側に故障（例えば、停止）する場合もある。フェールセーフとは、壊れるときは常に安全サイドに故障するように設計することであり、またそのような設計に使われる仕組みを指す。

身近な例では、電気設備のブレーカーやヒューズがある。これらは過大電流が流れるとブレーカーが飛んだりヒューズが切れたりして暴走を食い止めたり、過大電流から回路を守ったりする。また踏切の遮断機は、電流が流れなくなると閉じ、通電すると開くように設計されている。これは停電の場合には閉じ、電車と歩行者・自動車の接触事故を起こさないようにするためだ。

ただ、全てのシステムがフェールセーフに設計できるわけではない。例えば航空機はエンジンが止まれば落ちるし、原発も冷却が完全に止まればメルトダウンに至る。このようなシステムでは、故障が破局に至るまでに適切に対処する必要があり、そのための手段や手順の整備と訓練による普段からの準備が求められる。

### 8.3.2　危険検出型システムと安全確認型システム[10]

人の動きと機械の動きとが交錯する場所では、機械の側で人への危険源の暴露が起きないよう制御する安全防護が求められる。例えば、エレベータでは扉が人を挟み込んだまま動き出してはいけないし、洗濯機では中に手が入る（扉

---

10　この項及び【事例8.3】は、杉本旭著『機械にまかせる安全確認型システム』中災防新書，2003年に基づき、修正の上引用した。

が開いている）間は動き出してはいけない。

　このような機械の動きを制御するシステムには、危険検出型システムと安全確認型システムの2つのタイプがある。前者は危険を検出すると止め、後者は安全が確認されたら動かす。

　この2つは一見、同じ制御を互いに逆方向から表現しただけのようだが、センサーと動作部に分けて考えた場合、センサーが故障したときの動きは、次のように全く逆になる。

- 危険検出型システムのセンサーが故障した場合
  →危険を検出しないので、人と交錯する状態でも動作する
- 安全確認型システムのセンサーが故障した場合
  →安全が確認できないので、人と交錯しない状況でも停止する

　私たちは安全装置を設計するとき、安全装置自体が故障することへの考慮を怠りがちだ。安全装置自体がより安全にするものだから、無いよりずっと良いので、それで満足したくなるのだ。しかし事故は設計者側ではなく公衆の側で起きる。安全は、あくまで公衆の側の立場で判断しなければならない。

　安全確認型システムは、センサーが誤作動を起こすたびに止まるので、不便さが増すかもしれないが、安全は確保される。それに対し危険検出型システムは、いつかは事故を起こしてしまう可能性が残されてしまう。特に現場任せで安全対策している多くの職場や組織では、危険検出型システムが今も使われている可能性が高い。そして事故や天災は、わずかでも危険性があればいつかは必ず現実になる。

Q8.3　次の【事例8.3】で、どのように危険検出型システムになっているかを指摘し、安全確認型システムにする方法を具体的に提案せよ。

> ☆グループワーク
> Q8.3を、ディスカッションしてベストな案を考えよう。

【事例8.3】東京湾横断道路コンクリートミキサー労働災害事故 ─────

　東京湾横断道路は、長大な海底トンネルと橋で神奈川県川崎市と千葉県木更津市とを結び、1997年12月に開通した。その工事では大量のコンクリートを使用するため、現場に大規模なコンクリートミキサープラントが作られ、制御室

から遠隔制御するようになっていた。

その運転は、まず毎朝2人の作業者による清掃があり、その後9時に運転を開始することになっていた。清掃作業から運転に移る手順は、次のようであった。

作業者は清掃作業でプラントに入るとき、入り口のレバーを倒して中に入る。このレバーを倒すと制御室で赤ランプが点灯して設備内に人がいることを知らせる。プラントの運転開始時刻は9時だが、赤ランプが点灯している場合は運転を開始しないよう運転者は教育徹底されていた。清掃が終わるとレバーを戻し、赤ランプ消灯を確認して運転開始する。

事故の日も若い作業員とベテランの指導的な作業員がペアとなって清掃作業を行った。2人は清掃を順調に終えてプラントを出てレバーを戻した。そこで若い作業員が中に結婚指輪を忘れてきたことに気づき、あわてて中に戻っていった。固まる前のコンクリートには強い腐食性があり固まると摩耗性もあるため、指輪を傷つけないよう一時的に指輪を外し、隙間によけて作業していたのだった。

ベテランの作業者は、まだ運転開始まで10分あるのを見て、レバーを倒さずに中に一緒に入っていった。

「災害は、こういう絶好のチャンスを決して見逃さないで起こる。」運転者はこの日に限って9時10分前に、まだ早いと思いながら、赤ランプが点灯していないことを確かめて運転開始ボタンを押してしまった。

危険検出型と安全確認型とは、危険な状態を安全だと見誤る可能性があるか無いかで見分けることができる（センサーの誤作動、人による見落とし、センサーと無関係に開始できてしまうかどうか）。

### ☆高度な安全技術と専門家

実際にQ8.3のような安全確認型システムを設計し始めると、センサーの故障をどこまでも想定し尽くしていくことに難しさを感じる。

実は、ISO 12100の規格体系には「安全確認型センサー」のような要素技術も定められている。

ISO 12100で総称される「機械安全」の国際規格は、図8.4のような3つの水準に整理される多数の規格群から成っている。そしてEUではこの規格は法的義

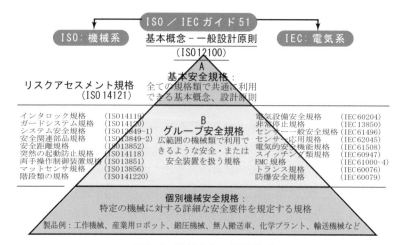

図8.4　機械安全の標準体系

務にしており、EUに輸出するにはこの規格への適合が要求される。

　この規格群の全てを理解し応用するのは専門性が必要なため、日本でも対応する専門資格も整備されてきている。

　事故や天災は、わずかでも危険性があればいつかは必ず現実になる。日本でも今後、このような資格が重視され、より一般的になる時代が来るだろう。

◆第9章に向けた個人課題◆

「科学技術は、科学的に行うからほとんど間違いが起こらない。」「科学的・論理的に検討し尽くしていないときに、技術は間違う」といった考え方がある。どう思うか。自分の意見をまとめておこう。

# 第9章 技術知の戦略

## 9.1 現代科学技術が概ねうまくいっている理由

### 9.1.1 科学的だから間違わないのか?

　第7章と8章で「安全」の技術と知恵について学んできた。労働安全衛生の法律が整備され全国的な運動によって意識付けされるところから始まり、初めのうちは現場的な安全対策として推進されてきたが、「機械安全」の国際規格によって専門的な取組になった。そして今も「安全確認型システム」などの専門的な理論に基づく取組みの高度化の努力が続けられている。

　このように、市民生活に影響する手前の職場では、今なお危険が残されており、職場安全の取組みが続けられている。他方、市民生活に影響する製品やサービスは概ね失敗無くうまくいっているように見える。[11]

　その理由として、「科学的にやっているから。科学は間違えないから」という考え方もある。職場安全も工学的専門的な取組みによって安全の精度を上げているわけだから。

　しかし科学的な知識も、問題の捉え方や適用方法を間違うと正しい問題解決などできない（第2章）。また科学的な知識を使うのは人で、人の行為は間違いを免れない。（だから3step methodは「使用上の情報」を最終ステップにしている。）それに、一方で科学的工学的な知識が高度化するほど、他方では製品やサービス、システムも複雑になっていく。そのため複雑化する製品やサービスやシステムを科学技術の高度化によってリスクコントロールするのは、いたちごっこにならざるを得ない面がある。

---

11　もちろん「売れない」「使い物にならない」などの失敗やそれによる損害は数多く起こっている。それは狙いが外れたということだ。ここでは、狙いが定まった後で、どのようにその狙い通りにうまくいくようにしているかを考える。

実は、技術の営みには、「科学的にやる」だけでなく、間違いや実害を減らす方法がある。これは現場的に特に意識せずに行われていることだが、ここでは形式知化し、まとめておく。

### 9.1.2　2つの戦略と2つのフェーズ、フェーズの2方向の要素

　「安全」も技術の1つだから、「安全」のための知恵は技術一般にも応用できる。

　その1つは、「危害発生のメカニズム」と「3step method」の中で使われている次の2つの戦略だ。1つは危険源を減らす戦略、もう1つはその危険源を事故につなげない戦略。

　一般化すると、前者は「失敗最小の戦略」（本質安全設計方策）、後者は「実害最小の戦略」（安全防護・付加保護方策）、使用上の情報と言えるだろう。

　もう1つ、「安全技術」の全体を眺めてみると、図9.1のような2つのフェーズがあり、それぞれのフェーズは2方向の働きから成っていることがわかる。まず狙いとする設計をできる限り間違いなく創り上げる、事前に設計・計画するフェーズがある。そのフェーズは、科学的論理的に設計を生み出す創造の働きと、それで間違いないかを検証する働きから成っている。この2つの働きを

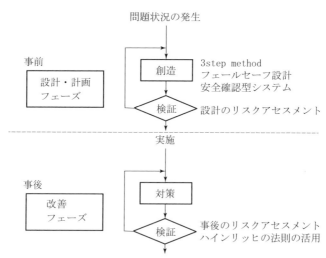

図9.1　問題解決の2つのフェーズ，フェーズの2方向の働き

繰り返して、正しい設計・計画とし、次のプロセスに送る。

そして、実際に製品やサービスを実用に供した後で、実害のリスクを低減する、事後に改善するフェーズがある。そこでもまず実際に安全かどうかを監視し確認し評価する働きがあり、実際に改善する方法を創造し適用する働きがある。

実際の行動にこの2つの戦略、2つのフェーズ、フェーズを構成する創造と検証の2方向の働きを意識して盛り込み、実行管理することによって技術はうまくやっているのである。

まずはその意識的な取り込みである行動計画について見ていこう。

### 9.1.3 行動の計画立案

日本の職人の言葉に「段取り八分（はちぶ）」がある。「仕事の8割は段取り（計画と準備）で決まる。仕事の途中で処理するトラブルなどは2割に過ぎない」という意味だ。

では実際に8割を解決する計画（と準備）とはどのようなものか。まず次の事例とQ9.1に取り組み、自ら計画して考えよう。

**【事例9.1a】スケジュールの修正(1)**

夜の19時、あなたは今東京駅から5分の本社事務所にいる。明日朝までに仕上げないといけない書類作りの仕事の最中だ。それをあと2時間で片付け、30分で自宅に戻り、すこし時間は遅いが娘の誕生日を祝ってやることになっている。そこに突然、名古屋駅から10分の顧客の工場から連絡が入り、あなたが担当する機械でトラブルが起きているという。できるだけ早く来て欲しい、夜中でもよい、遅くとも明日の朝8時までに来てくれないと困る、との連絡だ。トラブルの様子を聞くと、1時間あれば対処できそうだ。

「今の仕事は、明日午後1時から東京の本社事務所で始まる会議で部長が使う資料作りで．部長からは朝9時までに提出するように指示されている。おそらく、午前中には部長から説明が求められるだろう。機密情報だから資料作りは社内でするしかない。お客様第一だから直ぐに飛んでいくのが当然だが、最近は家族サービスがおろそかになっていて、そのことで家族関係が大分悪くなっている関係上、娘の誕生日をすっぽかすわけにもいかない。さて、どうしたものか」。

Q9.1 【事例9.1a】の状況で、あなたはそれぞれの関係者に多少の迷惑をかけても、すべての課題をこなせるようにスケジュールを見直そうと思う。どのようなスケジュールに変えるか?

　諸元：東京～名古屋間の移動手段は、新幹線なら1時間40分程度。東京からの終電は21:20発、始発は6:00発。

　また名古屋からの始発も6:00。そのほかにも、夜行バスなら、東京駅22:45発—名古屋6:00着なら、少々バスが遅れても8時までには顧客のところに着けそうだ（一部架空の時程）。

### ❸ ☆プロセス・アプローチ

意味のある行為は第2章図2.1で示したように、すべて「FIO；Input→Function→Output」でできている。このFIOをプロセスと言い、あるFunctionが複数のプロセス（FIO）で構成される場合、構成する小さいプロセスをサブ・プロセスと言う。サブ・プロセスのOutputは次のサブ・プロセスのInputになるようにつながっている。つながり方は、複数のInputから複数のOutput先に分かれることもあるし、モノとして引き継がれることもあれば、情報として引き継がれることもある（図9.2）。また、サブ・プロセスは更に下位のサブ・プロセスに分解できる。

このようにつながったプロセスとして行動を捉えることをプロセス・アプローチという。計画時には、プロセスを適切なレベルのサブ・プロセスに分解し、それらのつながりを明らかにする。（プロセスが無意識的あるいは経験的

どんな作業もInputをOutputに変換するFunctionからなるプロセスとみなせる。

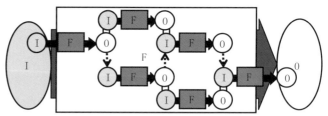

仕事の全体（プロジェクトやプロセス）は、前プロセスのOが次プロセスのIとなる複数のプロセスからなる。

図9.2　プロセス・アプローチ

にできるレベルまで分解する必要はない。また、その時点で分からないレベルまでは分解できない。)

　プロセス・アプローチに基づいてよく考えられた計画では、それぞれのプロセス（FIO）が解決すべき問題を明らかにしてくれる。すなわち、誰のインプットになるどのようなアウトプットに導けば解決できるのかが分かる。あるいは、どのようなアウトプットが必要か分からない場合でも、アウトプット先の人と不明確点を調整して決めることができる。[12]

### 9.1.4　行動計画の検証
　計画は「行動の設計」だから、「計画の創造」とともに「計画の検証」が必要になる。

　Q9.2　次の【事例9.1b】のスケジュール案では、あなたは直ぐに関係者の携帯に電話して確認したり調整したりする必要があるだろう。誰に何を確認調整すればよいだろうか。すべて答えよ。

【事例9.1b】スケジュールの修正(2)――――――――
　思案の後、一先ずあなたは次のようなスケジュールを考えたとする。
　まず今すぐ資料作成の残業を中断して帰宅する。予定より2時間早く娘の誕生日を祝ってやろう。これに30分。そこから30分で東京駅に戻り新幹線で名古屋に向かう。スムーズに行けば、20:30頃発に乗り22:10頃には名古屋に着くはずだ。たぶん23時にはトラブルも片付くだろう。名古屋駅前のホテルで一泊して、始発の新幹線で戻れば、東京の本社事務所には7:45頃には出社できる。そこから2時間で資料を仕上げれば9:45には部長に提出できるし、午前中には資料の説明もできる。
　「でも大丈夫かな。部長は5分刻みでスケジュールを入れるほど忙しくされているから、45分の書類提出遅刻でも相当な迷惑をかけるかもしれない。また、娘も部活で帰宅が遅いから19:30にはまだ帰っていないかもしれない。

――――――――
12　実際に役立つ「計画」には様々な表現形式があるが、ここでは省略する。いずれにしても、複雑な分業を伴う現代の組織的実践においては、このような計画が必要不可欠だ。

このスケジュールはほかにもいろいろ確かめないといけないことがありそうだ」。

☆優れた計画とは

学生時代を含め、頭の中で描いただけのものも含めれば、これまでも様々な計画を立ててきただろう。だがそれらの多くは自分のためのスケジュールで、うまくいかなくても見込みが違っていただけで、他人に迷惑をかけることも少なかっただろう。

一方、企業や組織での計画、特にプロジェクトなどの計画は、営業、設計、製造、運搬、工事、試運転検査、等々様々な関係者がスムーズに動けるように作られる。そのようなそれぞれの関係者のプロセスがつながった計画は、関係者への確認（＝検証）作業を繰り返して調整（＝創造）しなければうまく作れない。そのため、大きなプロジェクトでは計画づくりに数か月かかることもある。

そのようにち密にできた計画の下で進むプロジェクトは、やっていて気持ちいいほどうまくいく。トラブルが起きることも少ないが、たとえ起きても想定内で対処されていく。[13]

逆に確認作業を怠った計画は、実行に移す度にトラブルが生じたり、待ち時間の無駄が生じたりして、やっていてイライラすることも多い。

プロジェクトをうまく進めるには、まず創造と検証によって実現性のある練られた計画にすること、そしてできた計画を皆で守って行動することが大切だ。[14]

## 9.2 間違い最小の戦略

### 9.2.1 保守性〜創造しない＝変えない

優れた計画ができれば、次は各プロセスを確実にすればよい

---

[13] 非常によくできた計画は、不確実性やリスクを予測し、対処のための余裕まで盛り込まれている。だからうまくいく。

[14] 研究開発などの不確実な要素の大きい業務では、計画はち密には立てられず、粗い計画にせざるを得ない。それでも業務管理の観点から計画は必要だ。

確実に作業を進める一番の方法は、不確実性の高い新しい方法より、既に経験があって、うまくいくことが分かっている方法を採ることだ。

　保守性は、特に複雑な開発では常に活用されている。「改良」と呼ばれる開発が典型だ。日本のロケットの発展（H2A→H2B）などもそれに当たる。

　しかし、どんなに独創的な開発にも保守性は必要だ。それは、保守性には、トラブルが起きた時に新規開発の部分のみに原因を絞り込んで対処できる利点があるからだ。

　例えば、自動運転の自動車を開発するとき、自動運転システムだけでなく自動車そのものまで開発したとしよう。この場合、もしその自動車に予期せぬ動きをするトラブルが生じたとき、自動車と運転システムの両方のトラブルを疑って原因究明しなければならなくなる。もし既存の自動車を利用していたら、疑いは自動運転システムにのみ向ければよい。[15]

　このように技術の実践では、不確実性を減らすために、創造しない保守性という方策をうまく利用している。そうすることで肝心な部分の創造に資源と時間を集中させる。

　逆に言えば、設計・計画するとき、一番大事なのは、使えるモノや資源、知識や経験を探し出し、できるだけ確実なモノや知恵を生かすことだ。何を使えるかを探し、それがどの程度の確実性を持っているかを評価できれば、それらを使って合理的で効果的な設計や作業ができる。プロセスの計画でも、既に経験済みの手段（人や業者を含む）を組み込むことで、より確実な計画にすることができる。[16]

### 9.2.2　プロセスの遂行〜5ゲン主義による創造

　優れた計画ができたら、それに沿って各サブ・プロセスを間違いなく進めていけば、最後の結果を狙い通り実現できるはずだ。

　それぞれのプロセスが解決する問題は、ほぼ決まった方策で解ける簡単なものから、創造的な設計作業を要するものまである。そして、どんなに小さな新

---

15　2010年頃にGoogleの自動運転自動車が話題になったが、車自体はトヨタのプリウスなどの既成の自動車だった。

16　保守性は、行動の計画段階、準備段階で取る方策だ。

設計でも、新たな問題状況に対する新たな問題解決であり、単純作業のように取り組むと問題状況を見誤る可能性もある。

いずれにしても、問題状況に原理的に立ち向かい、実際の問題状況に即して解決策を考え出すことになる。これは5ゲン主義に基づく問題解決と同じだ。
（設計・計画のフェーズの創造の働き）

5ゲン主義は、三現主義に基づいて確認済みの知識によって答えを導き出す論理的な問題解決方法だから、検証の働きもその中に含まれてはいる。しかし、その答え（設計結果）は必ずしもうまくいかない。なぜなら、徹底的に5ゲン主義に基づいて問題解決するのは難しいからだ。

その理由の1つは、創造作業が人の頭の中で行われるため、そこに論理の飛躍や勝手な仮定が入り込んでしまう傾向があることだ。また、創造的な解決策が実際にどのように動作し、周辺や関係者にどのような影響を及ぼすかは、実際に実現してみないと十分には想像できないこと。そして何より、それが単純作業だったとしても人は間違いを排除できないこともその理由だ。

確かに、科学的な知識や専門的な経験や知識は、5ゲン主義で正しく解決策を創造する上で力になっている。しかし、これらの知識と論理的な検討だけでは、解決策が間違っている可能性を否定できない。

そのため、ここでも「検証」の働きが必要になる。

### 9.2.3 検証（Verification）

間違いを少なくする検証には、次の4つの方法がある。

〈検証方法1〉レビュー（見直し）

〈検証方法2〉検算：同じ方法・異なる方法・逆演算で同じ問題を解き、答えが同じになることを確認する。

〈検証方法3〉実績との比較：既に実際に確かめ済みの類似の問題と結果との比較。

〈検証方法4〉妥当性確認：実際に動かしてみる。

（1）レビュー（見直し）は、試験問題の提出前にも行うおなじみの検証方法だ。この検証には、自分でするだけでなく、上司やベテランによるチェックや、審査会などの集団的なレビューなどの方法もある。何を検証するのかの対

象や、何のために見直すのかの目的に応じて適切なレビュー方法を用いる。

(2) 検算は、金融機関等の窓口で習慣的に行われていた。

(3) 実績との比較は、例えば排水量5tの船を設計する場合、既に3tと7tの船があったなら、それらの設計値の平均値付近になっているかどうかで確かめるような方法だ。

(4) 妥当性確認は、試作品による実験検証などがこれに当たるが、特に重要なので9.2.5で別途述べる。

### 9.2.4 プロセス間の情報伝達

前のサブ・プロセスのOutputを次のサブ・プロセスのInputに伝達するとき、それがモノではなく情報として伝えられる場合には間違いが起きやすい。なぜなら、これはコミュニケーションであり、伝えようとする側の意図や解釈が、受け取る側の理解と同じかどうかを確認するのが難しいからだ。言葉は同じでも、送り手と受け手で思い描くイメージや意味が同じとは限らない。

コミュニケーションでイメージの違いを極力少なくする方法としては、直接伝える場合には、現物や図面や絵を用いて具体的に伝える「三現主義」的な方法が用いられる。また電話などで伝える場合には、受け手側に理解したことを説明させ、送り手側が自分のイメージどおりの理解かを確認する方法がある。

いずれにしても、コミュニケーションによる伝達では、それぞれの思い込みによって間違いが起こりやすいこと、自分のイメージと相手のイメージがずれている可能性があることに注意する必要がある。

### 9.2.5 妥当性確認

妥当性確認は、部品でも完成品でも実験検証などとして行われる。製品やサービスの完成形による妥当性確認は、品質保証の面で特に重要だ。なぜなら、他の検証方法が「正しいはずだ」「うまくいくはずだ」としか言えないのに対し、妥当性確認だけが「正しかった」「うまくいった」と言えるからだ。

これは技術にとって、科学の実験検証と同じ役割を果たす。「正しかった」「うまくいった」経験、正しさが確認された設計や方法は、保守性や5ゲン主義を通じて新たな創造活動に生かせるし、〈検証方法3〉による検証にも生かせるからだ。

しかし、市場に出し実地に使用される前に妥当性確認できないことも多い。

例えば、惑星間観測衛星やその打上げそのものは、本番を最初の妥当性確認にせざるを得ない。そのような場合には、他の方法で十分に検証しておくとともに、できるだけ大きな部分やシステムで事前に妥当性確認しておくことが大切だ。

### ☆最後の検証を怠らないこと

解決策の創造と検証は、困難な問題に対しては何度も何度も繰り返すことになる。それは根気のいる作業で、心理的にも身体的にも疲れてしまうまで続くことも多い。そういう時、ついやってしまうのが、最後の検証の省略だ。「検証はしないけど、まぁうまくいくだろう」と勝手に思い込み、検証せずにokを出してしまうのだ。そうすれば、この繰り返しを終わらせることができる。

しかし、そういう検証を怠った部分に限って、実践に移した後でトラブルになるものだ。ほとんどの技術者がそういう経験をしている。

人は失敗するものだ。それは自分についても言える。現実への謙虚さ・潔さを忘れてズルをすると、失敗になって返ってくる。

### 9.2.6 結果の監視

開発段階で妥当性確認できたとしても、有限回の妥当性確認は、市場に出し実地に使用され寿命を終えるまでの全数全寿命の妥当性確認に比べれば不十分だ。だから市場に出し実地に使用されて初めて不具合が明らかになることも多い。

したがって、例えば顧客の反応を確認したり、トラブル発生の情報に注意を払ったりするなどの監視が必要になる。その現実から改善すべき問題などを認識し、解決に取り組むことが求められる（事後の改善のフェーズ）。

## 9.3 実害最小の戦略

### 9.3.1 漸進戦略～創造と適用のステップを小さく刻む

失敗最小の戦略でも完全には失敗を防げない。そのため、危険源（失敗）を

実害に結び付けない「実害最小の戦略」が必要になる。

「実害最小の戦略」にも2つのフェーズがあるが、最初のフェーズは、実害を最小にするような計画を立てることだ。

創造には必ず不確実性が伴い、不確実性には害悪を及ぼす危険性がある。そして、創造の"幅"が大きいほど不確実性も大きくなり、創造しない「保守性」では不確実性は最小になる。ならば、創造の"幅"を小さいステップに分けて進めていき、各ステップの小さな不確実性を順に克服していけばよい。

この徐々に少しずつ創造を進める戦略を"漸進戦略"と呼ぼう。

漸進戦略には3つのメリットがある。1つめは量的なメリット、すなわち、不確実性が小さいため、たとえ被害や損害が出ても小規模に抑えられること。2つめは質的なメリット、すなわち、1ステップ毎に知識を増やしながら進むことができるので、知識面で不確実性を着実に克服していけること。3つめは心理的なメリット、すなわち、ステップそのものに無理が無いから、無謀にならずに心理的に自制が効くことだ。[17]

Q9.3 【事例4.1】水俣病事件では、ビーカーテストで助触媒を二酸化マンガンから硫酸第二鉄に変更することに成功すると、直ぐに製造ラインに実地適用し、母液の発泡トラブルを発生させていた。

　　このようなやり方を漸進戦略の観点から批判せよ。また正しい開発を進め方を考案せよ。

### 9.3.2　実施後の戦略

#### (1)　早期対処・原状復帰の原則

実際の失敗には、失敗が明らかにわかる場合と、時間がたたないと明らかにならない場合がある。また、何か異変があっても、自分たちのやっていることが原因か否かの判断がつかない場合もある。

---

[17] この戦略は、着実な創造方法を文化として持っている組織では、経験的に当たり前のように実施している。しかし時として無理が生じると「賭け」に出てしまうこともあるし、幸運な成功体験によって過大な夢を見てしまうこともある。だから、「漸進戦略」と名付け、実践の世界の常識にしていく必要がある。

そんな時は、一度止まって様子を見るのがよい。なぜなら、あらゆる行為は、対象にもその周辺の関係する部分にも何らかの変化をもたらすものだからだ。もし因果関係があって自分たちの行為が原因なら、止めれば異変もまた止まる方向に向かうだろう。この「止める」とは、行為を始める前の状態に戻すことだから「原状復帰」の方が正確だ。またその対処が早いほど傷口も被害も小さくて済む。だから「早期対処・原状復帰の原則」と呼ぼう。

### (2) 2次被害を防止する封鎖原則

失敗したり異変が感じられたりしても、まだ広い範囲に悪影響を及ぼしていないことが多い。そして被害は最初よりも2次被害3次被害の方が大規模になっていく。

例えば工場で不良品が発生したとする。その被害はその不良品を作り出したコスト分だけだが、それが製品として流通や顧客、次のプロセスに渡っていくと、その分被害は大きくなる。設計ミスは、設計プロセスの中で見つかれば問題ないが、製造に回ると無駄が生じ、最終製品に至ると苦情や事故につながる。このように、失敗そのものがもたらす損害よりも、2次3次の被害・損害の方がケタ違いに大きくなるものだ。[18]

だから、早期対処したうえで、失敗影響を封鎖し、被害が広がっていかないようにするよう対策する。

### (3) 修復

モノを壊したり汚染したりしたら、それを元に戻し修復するのが当然の責任だ。

ただし、壊れ方や汚染のされ方によっては、修復すること自体を新たな問題状況と捉え、原因と対策を計画的に行っていかねばならない場合もある。また、環境中への汚染物質の拡散など、修復不可能な場合もある。

修復困難あるいは不可能な事態を避けるには、計画段階からそのリスクを評価し、このような状況に陥らないよう十分に配慮し、事業そのものの規模を小さくするリスク対策をしておくことも必要だろう。

---

[18] 例えば、スナック菓子への金属片の混入による自主回収を思い浮かべよう。

### (4) 被害者への謝罪と補償

被害や損害が自分たちの組織内で起きればまだよいが、外部で起きることもある。また組織内でも、重大な場合には組織の外部者である家族の生活に影響が出る場合もある。

そんなとき、人間関係も修復しておかなければ、後々に禍根を残すことになる。人は感情や意思を持ち、それに左右されながら価値判断し行動するものだ。学問的な正しさや社会的な必要などは当事者にとっては二の次になる。だから人として人間関係をきちんと収めておくことが大事だ。謝罪は、そのための最低限の行為になる。

ただ、何でも謝罪すればよいというものでもないし、本心からのものでなければ、謝罪として認められないだろう。謝罪に当たって、相手の気持ちになって考えてみることが大切だ。

**Q9.4** 次の事例は、失敗時の対処をほとんどしなかったために今もこじらせている継続中の問題だ。本来はどの時点でどうすべきだったか、今どのようなことができそうか、考えを述べよ。

【事例9.2】諫早湾干拓事業と有明海の異変 [19] ━━━━━━━

▷計画（図9.3）

国営諫早湾干拓事業は、潮受け堤防で諫早湾奥部を淡水化し、その内側に干拓地を作って農地にすることが大きな目的であった。またそれまで諫早湾奥陸部で発生していた水害や高潮を、淡水化した調整池の水位をコントロールすることによって防ぐことも目的とされた。この事業に反対していた諫早湾周辺の漁業者たちも、水害対策という目的によって最終的にこの事業に同意した。

---

[19] この事例は、主に次の2つの文献を参考にした。図9.3は前者からの、図9.4は後者からの引用。
高橋徹編『諫早湾調整池の真実』かもがわ出版, 2010年。
有明海漁民・市民ネットワーク諫早干潟緊急救済東京事務所ブックレット『諫早湾干拓と有明海』PDF第3版, 2007年。

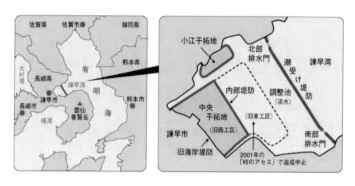

(出典:参考文献(46)p.16 図1-1)

**図9.3 有明海と諫早湾および諫早湾干拓事業概略図**

### ▷計画の検証

「国営諫早湾干拓事業計画」は、1985年に発表され、その年の11月から環境アセスメントが始められた。8ヵ月後、86年7月に出された評価書は、環境影響は小さく、許容しうるものと結論付けた。

### ▷工事の実施

1989年に着工、1997年4月14日、大きな鋼板によって次々に遮断され、湾の奥部約3,550haは海から切り離された。

### ▷工事の影響(図9.4)

1989年の着工し、海砂採取が始まった直後から、湾周辺で豊富に取れていた大型二枚貝のタイラギの漁獲量が急速に減少し、93年以降は休漁に追い込まれた。これ以外にも有明海の漁業生産量も着工以降急速に減少した。そして潮受け堤防によって遮断された97年以降、長崎県有明海域の赤潮発生件数が大幅に増えた。

### ▷工事の現状

工事そのものは2007年に完工したが、2002年以来、佐賀、福岡、熊本の有明海沿岸各漁協は、実際に起きた環境影響の主因が諫早干拓事業にあると主張し、工事中止等を争って数次にわたる裁判を起こしてきた。その1つ佐賀地裁では湾内の海水化による環境影響調査のやり直しのために排水門の5年間開放を命じ、併せて海水門を開放しないなら漁民側に支払う日々の制裁金を課し

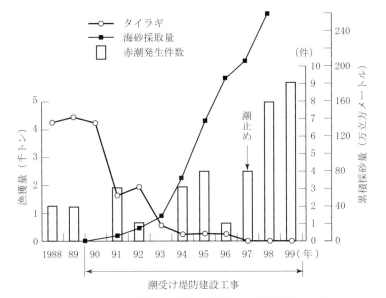

図1 長崎県有明海域における赤潮発生件数（長崎総合水産試験場による）と、タイラギを主体とする貝類漁獲量（長崎漁業統計資料による）、および潮受け堤防建設工事期間における海砂の累積採砂量（九州農政局による）

**図9.4　堤防工事とタイラギ漁獲量**

た。また干拓地の農民も提訴し、今度は塩害を防ぐため排水門の開門を禁じる判決を出し、併せて開門した際には農民側に支払う日々の制裁金を課した。

　その後、2018年7月、福岡高裁で前者の判決が覆えされたが、原告側は上告する見込みとされている。

◆第10章に向けた個人課題◆

社会人の組織の上司（チームリーダー，中間管理職）と学校の先生とはどこが違うか、考えておこう。

# 第IV部

## 組織の中の倫理

　現代のような複雑な社会では、一人でできることは少ない。そのため、技術を含め多くの産業活動、社会活動は、組織的・社会的に分業し、チームワークで行われる。

　しかしこれまでの「あなた自身の学力を伸ばすこと」を目的とし、同じような学生が集まって行ってきた教育の中での「チームワーク」と、責任も権限も能力も異なるメンバーによって、社会的に意味のある目的のために行う社会人の「チームワーク」とでは、求められる倫理も違ってくる。

　そして、分業組織の中では、組織と個人の間でも、組織の中の個人と個人との間でも、社会と組織との関係でも、倫理問題が生じえる。

　また、高等教育を修めた者には、専門分野に関わるリスクに最初に気づけるなど、組織の中で他のメンバーとは異なる役割が期待される。

　この第IV部では、個人として、また高等教育を修めた者として理解し身に着けておくことが期待される、組織的に業務を行うときの、倫理問題や適切な振る舞い方の基本を学んでいく。

# 第10章 チームワークと尊厳

## 10.1 組織という"生命体"

### 10.1.1 社会的価値と組織

組織に「就職する」「雇われる」「入社する」と言うと、既成の堅固な枠組みの中に身を置くかのような感覚になる。また、しっかりした組織を選ぶのが就職活動だと捉えている人もいるだろう。しかしそれは逆だ。1人ではできないことをするために組織はある。

人は自分の生き方が社会に認められると、生きがいを感じる。自分のこれまでの努力が報われ、生きてきてよかったと思う。それは、人生が開花するような感覚だ。そして社会に出ると、誰もがそのような"自己実現欲求"を持っていることに気づく。

現代社会では、ほとんどの人が組織を通じて自己実現する。その前提は、その組織自体が、社会に役立ち、社会から認められていることであり、そのためにも組織が社会に対して誠実であることだ。

しかし、組織生活では、組織の中の方が外の人間関係より強くなる。そのため、社会に役立つことより組織の利益を優先してしまう傾向も生まれ易い。それが逆に組織にとってダメージとなり、その存続も許されなくなる場合もある。次の事例を見てみよう。

---

**【事例10.1】ミートホープ事件**

ミートホープ株式会社は、1976年創業の北海道苫小牧市の食肉事業者だ。最盛期には道内の食品加工卸業界で売上第1位になったこともある。創業社長自らが製造指示し、信じられないような原料配合や衛生管理がなされていた。

・牛肉100%の挽肉を、豚肉、鶏肉、パンの切れ端などで水増し

- 色味を調整するために血液を混入
- 味を調整するためにうま味調味料を添加
- 食肉原料の洗浄に雨水を使用
- 消費期限が切れたもののラベルを変えて出荷
- 腐りかけて悪臭を放っている肉を細切れにして少しずつ混入
- ブラジルから輸入した鶏肉を国産の鶏肉と偽って自衛隊などに販売
- サルモネラ菌が検出されたソーセージのデータを改ざんした上で学校給食用に納入

2006年、以前から内部告発していた元工場長らが退社して、複数の報道機関に告発文を送付。それを受けて朝日新聞が製品のDNA検査し、牛肉コロッケの加工牛肉から豚DNAを検出した。これに対しミートホープ社長は「故意ではなく過失」であるとしていたが、記者会見の席上、彼の長男である取締役に促される中、社長はその関与を認めた。

2008年3月、社長は不正競争防止法違反（虚偽表示）と詐欺の罪で懲役4年の実刑判決を受け、控訴せず確定。また同社も、2007年7月に自己破産を申請し倒産した。

社会の中で組織が問題視されるのにも、いろいろな場合がある。従業員の勤務条件等が問題視されるブラック企業や、内部で発生するハラスメントなどもあるが、それでも倒産にまでは至らない。【事例10.1】が致命的だったのは、①会社の目的のところ、その存在意義である社会での役割の中心部分で信頼を裏切っていたこと、②会社の組織統治の中枢である社長が主導して、すなわち"組織ぐるみ"で行われていたことだ。

### 10.1.2 組織という生命体

組織活動では、各メンバーは一方的に命令や指示を受けて動くわけではない。各人が頭を使い、自分の問題として取り組んでいく。だからこそやり甲斐を感じることができる。組織は、各人が主体的に動きながら、全体として社会に対して価値のある何かを生み出し、それが認められることで社会の中で生きていく"生命体"だ。

実際、同じ組織でも、業務のやり方も設備も、サービス内容すらも、昔とは違っている。組織がすべきことは社会や技術、時代とともに変化し、環境変化

に順応して生き延びていく。

例えば、40数年前はコンピュータと言えば大型で、パソコンなど存在せず、ネット環境も、携帯電話すら普及していなかった。そこから現在のようになるまで、組織とそのメンバーは、その変化に対応し、自らを変化させてきた。組織のメンバーには、時どきの課題を理解し役割を果たすことが求められる。

第1章で述べたように、組織の一員になることは、組織が行っている試行錯誤の中で役割を果たすことだ。組織は人が作るものだ。

組織を変化する環境の中で生きていく"生命体"になぞらえるなら、チームのメンバーは生命体を成り立たせる各器官と言えるだろう。ただ、次の2つの点で生命体の器官とは違っている。

1つは、それぞれの器官の役割を、意思を持った人が果たしていくこと。そのため、チームワークの良し悪しは、各人の心がけ、経験や知識に依存する。

もう1つは、生命体の器官ほど専門分野に特化しておらず、また多様な情報がある中で、それぞれの人が考え判断して役割を果たしていくことだ。

## 10.2　チームワークの基礎

### 10.2.1　チームの一員としてつながる:"自己紹介"・"挨拶"・"連絡"

チームワークのベースになるのは、メンバーがチームの一員として日常的に繋がりを持ち続けていることだ。他のメンバーから「君は組織の一員だったか?」と問われるようではチームワークにならない。だから、組織やメンバーとつながる"自己紹介"や"挨拶"は大事な基本だ。[1]

これまでの学校生活でも「挨拶しなさい」と言われてきた。でも、別に挨拶しなくてもクラスやチームが壊れる心配などなかった。それは「所属している」というだけで一員としての権利が主張できたからだし、チームワークよりも一人一人の成長の方が大事だったからだ。

しかし、社会人の組織では組織の目的や課題を解決するのが一番大切だ。そ

---

[1]「挨拶ができると、仕事かできるようになる。」ベテランが新人の可能性を挨拶で評価するのは、挨拶がチームワークの基本だからだ。

んなとき、"連絡"が取れない人は仕事を頼まれる順位が下がり、気を使われる順位が下がっても仕方がないだろう。だから、何気ないことだが、最初に組織の一員として認知してもらう"自己紹介"や日常的につながりを確認する"挨拶"が大切なのだ。顔を合わせない場合でも、特に何もなくても"連絡"を取る。そうすることで、日常的に繋がりを維持していく。

### 10.2.2　チームへの発信："報告"

生命体が生きていくには、環境変化にも体内で起こっている異変にも、それを感知し対応できなければならない。そのため"感覚器"としての各人には、組織内で情報共有する"報告"が求められる。

学校生活、特に学業では、あなたが気付いた問題であっても、既に先生は正解を知っており、あなたが第一発見者でなかった。また自分で発見した問題も、自力で処理すべき自分の問題で、特に報告する必要もなかった。

しかし社会人のチームワークでは、あなたが気づいた問題は、ほとんどの場合あなたが第一発見者だ。そしてたとえ自分の担当範囲内の問題であっても、自分だけの問題ではなくチームや組織としての問題でもある。だから外部の変化でも内部的な変化でも、気づいた問題をできるだけ早く報告するのが基本だ。(第1章-1.3.3 "Bad news first!")

### 10.2.3　行動の計画と結果報告

専門性のある職業の場合、ある程度その人の自由裁量に任される部分がある。その1つ1つの操作まで報告していては仕事も進まないが、それでも全く"報告"しないようでは組織からは何をしているのか見えなくなる。

組織は、あなたが今何の問題に取り組んでいるか、その必要性や重要性や予想効果、いつ頃終わるか、などを知りたいはずだ。組織の管理者やリーダーの立場になって、何が知りたいかを考え、自分がしようとしていることについて"報告"する。もちろん、日常的に"連絡"を取っていれば、その会話が自然と"報告"に発展することにもなる。

そして"報告"することで、自分の仕事がチームワークの一部として認知される。そうすれば自分でも安心してその課題に打ち込める。

課題を終えたらそのことを報告しよう。その成果が組織にとって役立つ価値のあることなら、そのことも説明しよう。そうすることで、自分が組織の力に

なっていることを組織内で知ってもらい、より効率的で効果的な組織運営や課題解決に自分を役立ててもらうことができる。それがあなた自身を組織にアピールすることにもなる。

☆組織の中ではアピールも大切

業務組織ではその組織のためにより役立つ人と役立ちの悪い人を平等に扱うことはない。また、学力テストのような平等な機会も少ない。だから、よい評価を得、より有利な立場になるために自己アピールすることも大切だ。

逆に、「できる人」なのに「アピールが下手」なのは、その人にとってだけでなく組織としても損失だ。だからうまくアピールする術を身に着けることも、組織人（社会人）にとって必要なスキルだ。

### 10.2.4　組織の知恵と力を借りる："相談"

組織にとっては、課題を一人で完遂しようが、数人でやろうが、そこに差は無い。一般的には、工数（人数×時間）の総計が少ない方が評価される。だから一人で時間をかけるより多人数で一気に解決する方が評価されることが多い。

また、一般的には何人かで協力した方が効果的だ。なぜなら、業務は無知を伴うし多様な能力を必要とするからだ。だから他者の経験や知識、能力を借りた方がうまくいく。特に新しい問題状況に対しては、既に5ゲン主義を重ねてきた経験者の力は重要だ。

逆に、リーダーやベテランに"相談"もせず、自分の限られた経験と知識だけで新たな問題状況に立ち向かえば、失敗する可能性も高くなる。そしてもし失敗したら、組織としては事前の相談も無くいきなり失敗の報告を受けることになり、そこから失敗の経緯と原因を調査し失敗後の問題状況に取り組まねばならない。対処がその分遅れ、被害は更に大きくなってしまう。

だから、事前に"相談"してくれる人は、安心して仕事を任せられる人として高めに評価される。組織では、個人プレイはリスクが大きいため、よほど能力がなければ高くは評価されない。

Q10.1　問題解決を5ゲン主義で行うとき、何人かで取り組んだ方が一人で取り組むよりも様々なメリットがあるだろう。どのようなメリットがあ

るか指摘しよう。


## 10.3 計画的な実行

### 10.3.1 分業におけるチームワーク[2]

　チームワークにもいろいろある。数人のチームと大人数のチームでも違うし、ほぼ同じ作業をするチームワークと役割分担がはっきりしている場合のチームワークでも、チームワークの連携の取り方や複雑さが違ったりする。

　スポーツなら、例えばダブルスの最小2名のチームでは、コミュニケーションと訓練で良いチームワークができる。しかし分業の進んだアメリカンフットボールでは、外から作戦を授けたり修正したりする役割が必要になる。

　社会人の事業組織は、アメリカンフットボールより更に複雑だ。専門が全く異なる人々が集まってそれぞれの専門部署を作り、それらが内部でチームワークを構築しながら、全体としてのチームワークも必要になる。また、いくつかの企業や組織のメンバーからなるプロジェクト的な組織では、特定の目的のための有期のチームワークで協力し合う。より恒常的な、仕入先〜納入先〜メンテナンスなどの連携もチームワークとみなせる。

　このようなチームワークには、複雑だからこそ計画・設計といった"段取り"が大切になる。また、自由意志を持ったメンバーの実践だからこそ、リーダーの存在が重要になる。


### 10.3.2 計画〜有限な時間と資源を効率的・効果的に使う

　計画的行動については第9章-9.1で学んだが、業務組織における計画的行動も、プロセス・アプローチや計画の検証作業などの基本部分は変わらない。組織の計画では加えて、多様だが有限な資源を効率的・効果的に業務を遂行することが大きな目的になる。

---

2　組織が起こす事故や不祥事の多くは、表には出ないが報連相などコミュニケーション不足によるチームワークの失敗が原因になっていることが多い。第2章-図2.3「エンジニアリング業務の能力構成」のどれが欠けても倫理問題に発展するが、チームワークの失敗が主要な原因として特定されることは少ない。

### ☆限られた時間と資源

学生時代より社会に出ると時間の有限さが強く感じられるようになる。Q9.1a, b のような予定変更は実際によくあり、そのたびに予定を組み替えていく。

これらの問題では、限りある時間をどう有効に使うかを工夫した。実際の業務では、その他の資源（人、モノ、カネ、情報）もまた有限だ。計画を立てる一番の目的は、時間や資源を無駄なく効率的・効果的に使うことにある。

学生生活でも、例えばレポートの提出期限があるが、それは学校や教員の都合で決められる。しかし実際の仕事では、顧客への納期や、他社との先行競争のために期限が切られていたり、事業成績を管理するための期限を切って目標が立てられていたりする。その期限が過ぎたら、その課題の意味がなくなったり半減したりする。これらの期限は、この社会で有益な何かを生み出すという、業務課題の本質的な性質によって決まっている。

Q10.2 技術者の中には、100%自分の納得のいく業務をするために、納期を守らず自分の仕事の完成度にこだわる、周りから困り者と見られる技術者もいる。その人が担当する性能上あるいは安全上重要な部分は仕方がないが、それ以外の些末なところ（例えば、書類の見栄え）にまでこだわり、周りに迷惑をかけるのはよくない。では、このような行動は、組織に対してどのように不利に働くだろうか。

## 10.4 組織内の倫理問題

### 10.4.1 組織で起こる倫理問題

組織での倫理問題は、個人対社会、組織対社会、個人対組織、個人対個人の4つの関係のいずれかで起こる。

個人対社会の問題は、社員による犯罪や社会的事件など、組織の問題とは言い難いものも多い。日本では一社員による不祥事が会社のイメージダウンに繋がることもあり、組織が謝罪したりコメントしたりもするが、他の国々ではあくまで個人の問題として、日本とは異なる対応をすることが多い。個人対社会の倫理問題は、組織の倫理以前に、大人としての基本的な倫理が問われる次元

だ。

組織対社会の問題は、本章 10.1.1【事例 10.1】のような問題だが、11, 12 章でより詳しく検討しよう。

ここでは個人対個人、個人対組織の問題について考えていく。

### 10.4.2 ハラスメント（Harassment）

個人対個人の問題でありながら、チームワークを乱し組織の総合力を落としてしまう行為にハラスメントがある。ハラスメントとは、いろいろな場面での「嫌がらせ」や「いじめ」のこと。他者に対する発言・行動等が加害者側の意図には関係なく、被害者側を不快にさせたり、尊厳を傷つけたり、不利益を与えたり、脅威を与えることだ。

ハラスメントにはいろいろある（表 10.1）。中でも組織の中でよく問題にな

表 10.1　様々なハラスメント

○セクシュアル・ハラスメント：相手が不快に思い、相手が自身の尊厳を傷つけられたと感じるような性的発言・行動
○ジェンダー・ハラスメント：性に関する固定観念や差別意識に基づく嫌がらせ
○妊娠・出産等に関するハラスメント：妊娠・出産した女性労働者や、育児休業等を申出・取得した男女労働者等の就業環境が害される上司・同僚からの言動
○パワー・ハラスメント：同じ職場で働く者に対して、職務上の地位や人間関係などの職場内の優位性を背景に、業務の適正な範囲を超えて、精神的・身体的苦痛を与える又は職場環境を悪化させる行為
○アルコール・ハラスメント：飲酒の強要、イッキ飲みの強要、意図的な酔いつぶし、酔ったうえでの迷惑な発言・行動
○モラル・ハラスメント：言葉や態度、身振りや文書などによって、働く人間の人格や尊厳を傷つけたり、肉体的、精神的に傷を負わせて、職場を辞めざるを得ない状況に追い込んだり、職場の雰囲気を悪くさせること
○スモーク・ハラスメント：喫煙者が非喫煙者に与える害やタバコまつわる不法行為全般
○アカデミック・ハラスメント：研究教育の場における権力を利用した嫌がらせ
○キャンパスハラスメント：キャンパスでの人間関係において学生に対し行われるハラスメント

（大阪医科大学セクシュアル・ハラスメント等防止委員会 Web ページ https://www.osaka-med.ac.jp/deps/jinji/harassment/index.htm などを参考にした。）

るのはセクハラとパワハラだ。

### (1) セクシャル・ハラスメント（セクハラ）[3]

セクハラは、日本では「男女雇用機会均等法」（雇用の分野における男女の均等な機会及び待遇の確保等に関する法律）で次のように定められている。

「職場において行われる性的な言動に対するその雇用する労働者の対応により当該労働者がその労働条件につき不利益を受け、又は当該性的な言動により当該労働者の就業環境が害されること」

類似のハラスメントに、妊娠・出産等に関するハラスメントがある。

セクハラと言うと、被害者は女性だけだと思われがちだが、男性が被害者になる場合もあるし、同性に対するセクハラもある。

また、多様な性のあり方が認知されていないために被害者になる人もいる。(LGBT[4] などへのジェンダー・ハラスメント)

セクハラの形態には、労働者の意に反する性的な言動によって、労働者が就業する上で看過できない程度の支障が生じる場合（環境型のセクハラ）と、労働者の意に反する性的な言動に対する労働者の抵抗や拒否を理由にした不利益な扱い（対価型のセクハラ）の2つがある。

### (2) パワー・ハラスメント（パワハラ）[5]

パワハラは、「職場内での優位性」に基づいてなされるいじめ、嫌がらせでらる。上司から部下へのいじめ・嫌がらせを指して使われることが多いが、先輩・後輩間や同僚間、さらには部下から上司に対して行われるものもある。「職場内での優位性」には、「職務上の地位」に限らず、人間関係や専門知識、経験などの様々な優位性が含まれる。

パワハラには6つの類型がある（表10.2）。

---

3 厚生労働省『職場におけるハラスメント対策マニュアル』2017年を参考にした。
4 LGBT: Lesbian（レズビアン、女性同性愛者）、Gay（ゲイ、男性同性愛者）、Bisexual（バイセクシュアル、両性愛者）、Transgender（トランスジェンダー、性別越境者）の頭文字をとった単語で、セクシュアル・マイノリティ（性的少数者）の総称のひとつ。（脚注の出典：東京レインボープライドホームページ https://tokyorainbowpride.com/lgbt/）
5 厚生労働省パワハラ情報ページ（http://www.no-pawahara.mhlw.go.jp/）に基づく。本文の多くを修正引用。また表10.2もこのページからそのまま引用した。

### 表 10.2　パワハラの 6 類型

| ①身体的な攻撃 | ②精神的な攻撃 | ③人間関係からの切り離し |
|---|---|---|
|  |  |  |
| 叩く、殴る、蹴るなどの暴行を受ける。丸めたポスターで頭を叩く。 | 同僚の目の前で叱責される。他の職員を宛先に含めてメールで罵倒される。必要以上に長時間にわたり、繰り返し執拗に叱る。 | 一人だけ別室に席をうつされる。強制的に自宅待機を命じられる。送別会に出席させない。 |
| ④過大な要求 | ⑤過小な要求 | ⑥個の侵害 |
|  |  |  |
| 新人で仕事のやり方もわからないのに、他の人の仕事まで押しつけられて、同僚は、皆先に帰ってしまった。 | 運転手なのに営業所の草むしりだけを命じられる。事務職なのに倉庫業務だけを命じられる。 | 交際相手について執拗に問われる。妻に対する悪口を言われる。 |

　ただし、業務上の適正な範囲で行われている場合には、業務上の必要な指示や注意・指導を不満に感じたりする場合でも、パワー・ハラスメントにはあたらない。

　例えば、上司は自らの職位・職能に応じて権限を発揮し、業務上の指揮監督や教育指導を行い、上司としての役割を遂行することが求められる。パワハラ防止の取り組みは、そのような上司の適正な指導を妨げるものではない。

#### ◇ハラスメントかどうかの境界は相対的

　セクハラにおける「労働者の意に反する性的な言動」と「就業環境を害される」ことかどうかは、多くの場合、行為者側の評価と行為を受ける側とでは異なる。行為者側が軽い冗談のつもりでも、受ける側が大きなショックを受ける場合もある。

　この場合、ハラスメントを受ける側がどう感じたかの方が重視される。また、

パワハラではなく適正な指導のつもりでも、相手が委縮してしまうようでは指導の目的をうまく果たすことができなくなる。

ハラスメントになるかどうかは、受ける側の感じ方によって変わってくるから、その意味でハラスメントの基準は相対的だ。

言動がハラスメントにならないようにするには、平均的な感じ方を基準に判断するのが適当だ。しかし、その平均的な水準も、行為者側の主観的な基準になってしまうとハラスメントを防げない。

◇ハラスメント対策

ハラスメントは、酷くなると犯罪になる。またハラスメントが常態化し、それが内部的に是正できなくなると"ブラック企業"になっていく可能性もある。それに、人の感覚は慣れると鈍感になるから、エスカレートしていく性質も持っている。だからハラスメントは予防対策が大切だ。

ハラスメント対策は、まずコミュニケーションをよくし、ハラスメントを生み出さないような、また嫌なことをされたり言われたりしたときに、相談しやすい雰囲気や制度、窓口を作っておくことが大切だ。そして、起こったハラスメントは、小さいうちに対処することだ。（表10.3）

表10.3　ハラスメントを受けたら

| ハラスメントを受けた場合、被害を深刻にしないためにも次の事項について認識することが大切です。1. 一人で我慢したり、無視したり、受け流しているだけでは必ずしも状況は改善されないので、勇気をもって行動し、はっきりと自分の意思を相手に伝えること。2. まず、身近で信頼できる人に相談する。そこで解決することが困難な場合には、学内相談窓口に申し出るなどの方法を考えること。3. ハラスメントを受けた日時、内容等について出来るだけ詳しく記録しておく、また、可能であれば第三者の証言を得ておくことが望ましい。4. 自分の周りで被害にあっている場面を見かけたら、見すごさずに行為者に対し注意をうながすか、相談窓口等に助力を求めること。 |
|---|

（出典：大阪医科大学セクシュアル・ハラスメント等防止委員会 Webページ https://www.osaka-med.ac.jp/deps/jinji/harassment/index.htm）

☆グループワーク
Q10.3を、ディスカッションしてベストな区別方法を考えよう。

Q10.3　上司の中には、仕事に厳しいから"厳しく指導する"人もいるし、部下の成長の為に"厳しく指導する"人もいる。また、部下が意見や提案を出しても上司に受付けてもらえない場合、その理由が部下の側の未熟さにある場合もある。それでも部下は、自分が阻害されているように感じてしまうものだろう。
　では、部下としては、上司の"厳しいが適切な指導"と"パワハラ"とをどのように区別すればよいだろうか？

### 10.4.3　上司（管理職）と組織統治

「上司」は、一般には経験を積んで能力が高く、権限が与えられていて、責任を負える存在だと考えられている。しかし実際には、その部署の実務をよく知らない「上司」が、落下傘のようにやってくることもある。組織の方針として、その人を幹部に育てるためだ。その場合、業務課題や実際の業務について自分の方が知っていたりする。

そのような「上司」は、経験も業務能力も優れてはいないから、「権限が与えられていて、責任を負える存在」ということになる。「上司の仕事は、責任を取ること」であり、そのために「権限」が与えられている。「上司」はその部署の仕事の成果によって、能力を測られる。だから「上司」は中間管理職としてつらい立場に立たされるとともに、基本的なマネジメント力が求められる。

そして管理職である上司（＝管理職）の組織によって組織統治が行われる。組織統治によって組織は統制の取れた1つの生命体として力を発揮し、環境の変化に対応し適応していく。

◇リーダーシップ

「上司」は組織をまとめる管理者で責任者という意味でリーダーだが、社会人は1から10までリーダーの指示で仕事をするわけではない。また「上司」はある部分のリーダーシップを部下に任せることもある。

リーダーとは、第1章【例1.2】で述べたように、メンバーの力を借りて仕事を進めるのが仕事だ。リーダーはメンバーの力（Function）を借りて、自分のチームの問題（課題）を解決し、リーダーとしての責任を果たしていく。

リーダーからある部分のリーダーシップを任されたメンバーは、その部分のリーダーということになるだろう。このとき、それぞれのリーダーは、与えら

れた仕事や課題が、どこからのどのようなインプットを、誰に対するどのようなアウトプットに変換すれば解決できる問題か（すなわち、問題は何か）を把握し、解決に向けて業務をリードしていく（図 10.1）。

新入社員であっても、任された担当業務や課題については、自分がリーダーの立場になっている。だからあなたもまた「自分の仕事は責任をもってやり遂げねばならない」。そのために必要なら、上司やベテラン、他部署の人々に相談し、依頼し、力を借りてもよいわけだ。

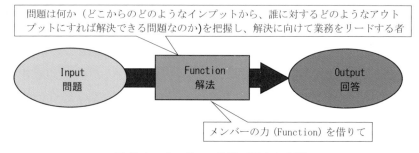

図 10.1　リーダーの仕様（図 1.2 改版）

Q10.4　学校の先生と、職場の上司とは何がどのように違うだろうか。できる限り指摘せよ。

◆第 11 章に向けた個人課題◆

Q11.1に取り組もう。該当する事例を探し、調べ、自分なりに考えておこう。

# 第11章 組織分業と専門家の役割

## 11.1 分業と組織内の緊張関係

### 11.1.1 組織の分業

組織は"生命体"。それぞれの機能を果たすために、いろいろな専門的な部門や部署、役割の人々が分業しているが、分業にもいろいろある。

モノやサービスを生み出すことは組織の中心的な活動だが、今の技術やサービスは高度で複雑で、様々な専門家が分業している。モノづくりやサービス実践に関わる機械、電気、土木などの各専門分野の設計や、現場の技術者や作業者、メンテナンスといった分業だけでなく、研究開発、営業、調達、販売などもある。また、創造（製造）と検証（検査）との分業もある。（第1章-表1.2）

また、組織は新陳代謝（人材の更新）によって組織自体を若返らせて次の時代に進んでいく。ベテランから若手へと技能や知識をOJT（On the Job Training）によって伝承する。また、時代や制度、技術の変化に対応するために、Off-JT（Off the Job Training）によって学んでいく。そのための人事部門もあれば、納税、健康保険、年金等の制度において要員と社会とを繋ぐ総務部門や安全管理の部門もある。また改善活動や刷新的な変革を行っていく企画部門もある。そして管理組織による責任分業もある。

◇業務の多面性

全ての業務は、人が行い、組織の資源や施設を使い、費用を発生し、売上によって回収し、それが組織の維持に使われ、それらを通じて組織の新陳代謝が進んでいく。組織の全ての業務は多面的で、いずれかの専門分野だけで完結する業務など無い。また、全ての業務は様々な仕方で組織外の人々や社会ともつながっている。

そして、それぞれの分野で指導的な役割を果たす部署や分業者は、それ以外の部署や分業者をリードしマネジメントする。また、必要に応じて他の部署を

巻き込んで問題解決に当たる。

逆に、全ての部署や分業者は、自分たちの専門以外のことは、その専門の部署や分業者のマネジメントに従うことで、自らの業務に集中することができる。

### 11.1.2 組織内の緊張関係

チームワークは、それがうまくいったとき、とても心地よく嬉しささえ感じられる。しかしそれは、それぞれのメンバーや分業者の思い通りに事が進むからではない。なぜなら、組織には予め適切な緊張関係が組み込まれているからだ。

上司と部下、ベテランと若手、製造と検査、業務と監査、会議での業務報告と審査、経営と株主総会など、必ず推進する側とチェックする側の対立的な役割分担が含まれている（第9章−図9.1のフェーズの2方向の働き）[6]。そういう中で互いに挑戦し葛藤しあいながら進めるのが組織のチームワークだ。

このような緊張関係を組み込んでおく理由は、創造し実行する側の自己チェックではどうしても基準が甘くなってしまうためだ。各業務の合格基準が甘くなれば、組織にとってリスクになる。

このような緊張関係を、組織自体が崩してしまったり、緊張関係にある部署がこの関係を免れようとしたりすると、不祥事に発展する。そのような事例が近年数多く発生している。

> ☆グループワーク
> Q11.1 を、各自調べて来て出し合い、どのようにして起こったのかを分類してみよう。

Q11.1　近年、データ改ざんや無資格者による検査など、品質保証に関わる不正によって社会的に評判を落とし、経営的にもダメージになる事例が多く発生している。そのような不祥事では、チェック側の部署が推進する立場に立たされてしまっている。それがどのようにして起こったのかを、いくつかの事件を調べ、原因を想像しよう。

---

[6] この対立の当事者たち、例えば製造担当と検査担当は、いつも対立的にぶつかるため、感情レベルでは仲が悪いことも多い。他方では、互いに相手の役割を認めあい尊重しあっている。

## 11.2 専門家の2つの立場

### 11.2.1 分業者によるリスク対応

どの分業者も、第2章-2.2で確認したような専門的能力を持ち、5ゲン主義によって、それぞれの現場や役割に相応しい専門性を高めている。だから担当分野で発生する問題やリスクにいち早く気付くことができる。気づいたら、報告するとともに対処し、組織がそのリスクに正しく対応していくように進めていく。

技術者もその1つだが、専門的な高等教育の修了者には、人の直接的な感覚を超えて、様々な因果関係から問題を感知し対処することができるはずだし、そのような力が期待されてもいる。小さな変化や遠い変化、素人から見ると一般論のような変化にも、組織に及ぶリスクを感じたりもする。

同じように5ゲン主義で専門性を高めているにしても、科学的学問的な知識を学んだ高等教育を修めた者は、単に経験を積んだだけの人とは、知識レベルで出発点が高い位置にある。それが高等教育の修了者の持つ高い専門性だ。

そして高等な能力を持つ専門家は、組織のリスクだけでなく、社会や環境へのリスクも感じ、解決に向けた努力もできるようになっているだろう。そのため、組織に対する責任だけでなく、社会に対しても一定の責任が期待されることになる。

Q.11.2 あなたが【事例11.1】のデビドの立場だったら、このジレンマをどのように解決しますか。

【事例11.1】ギルベイン・ゴールド（仮想事例）[7]

そのコンピュータ工場の排水は、下水で市の下水処理場に送られる。市では下水処理場で発生する有機汚泥から肥料を作り「ギルベイン・ゴールド」という名前で販売している。一方、その工場排水にはヒ素や鉛などの有害物質が含まれており、工場の排水処理施設を通った後も、市の排水環境基準の濃度ギリギリのところを推移していた。

工場の環境管理の技術者デビドは、自分の測定値がいつも環境基準を少しオーバー気味なことに気づいており、その問題について環境管理責任者のフィ

ルや副工場長のダイアンらと話し合っていた。

そんな時、工場が生産量を5倍に増やす計画を告げられる。このことは工場排水の濃度は同じでも、排水量が5倍になり、ヒ素や鉛などの有害物質も5倍になることを意味する。市の排水基準は濃度で定められているので違反ではないが、肥料の「ギルベイン・ゴールド」内の有害物質濃度を上げるのは確実だった。

デビッドはフィルやダイアンに、現在の排水の濃度と排水量が5倍になることを市に届け出るべきだと提案した。デビッドは、環境基準をオーバー気味に推移する排水に対して市から指摘もなかったことから、市の分析は誤差が大きく、排水量が5倍になってもそのまま「ギルベイン・ゴールド」を生産し続けてしまう可能性が高いと思われたのだ。もしそのようなことになれば、この肥料を使って栽培された野菜が食卓に上り、市民の健康を害する可能性がある。

しかしフィルやダイアンは次のように言って市に届け出ることを否定した。

「我々は既に何千もの仕事とかなりの税金で市を支えている。そして我々には排水処理に今以上金をかける余裕もない。それに、我々がコンピュータビジネスをやっているのと同じく、市は汚泥ビジネスをやっているのだから、市がそれを危険と考えれば中止すればよい。

我々は汚泥ビジネスをやっているわけではない。また我々は明らかな法律違反をしているわけでもない。法律に欠陥があるかもしれないが、それも含めて我々の責任ではなく、市の責任だ。」

◇専門的職業者の2つの立場

デビッドは、勤務する会社の一員としての責任と、公衆や社会に対する責任との間で二律背反の選択を迫られている。このような一方を立てれば他方が立たない問題を相反問題といい、置かれた状況をジレンマという。

しかし、組織は社会に役立つことによって社会に認められるだけでなく、水俣病の事例からもわかるように、社会や環境に害を与えれば社会から批判され、社会からの評判や信頼を失うことにもなる。公衆の健康を優先するデビッドの判断は、本来組織にとっても有益な判断のはずだった。本来、デビッドの2つ

---

7 ギルベイン・ゴールドは多くの技術者倫理の教科書で取り上げられている有名なな創作事例だ

の立場は、ジレンマになる性質のものではないのだ。

　それでも工場の幹部はデビッドとは異なる判断をしていた。それはなぜだろうか。その理由が分かれば、このジレンマに対してデビッドがどう立ち向かえばよいか見えてくるだろう。

### 11.2.2　問題分析

　【事例 11.1】の工場幹部の判断と同じようなことは、第 3 章【事例 3.1】チャレンジャー号事故の会社経営者の判断にも見られた。24 回すべての成功からの表面的な成功への過信が、問題の見方を浅くし、ボイジョリーらの専門的な見解を受け付けようとしなかった。

　では、【事例 11.1】のデビッドのようなジレンマに直面したとき、どのように解決すればいいのか。この問題を考えるヒントのために、次の事例を考えよう。

#### 【事例 11.2a】ハインツのジレンマ（1）〜ジレンマ [8]

　ある生活保護を受けている夫婦がいる。その奥さんが病気になり、命を救うためにある薬が必要になった。しかし、夫にはお金が無く買うことができない。夫は薬局の店主に値引きしてくれるように頼んだが、商売上それはできないと言われてしまう。夫は、薬局店からその薬を盗むことを考えるが、それは倫理的に許されるだろうか。

Q11.3　【事例 11.2a】の夫の置かれている状況は、盗みを働いて奥さんを助けるか、それとも盗まないで奥さんを見捨てるか、のジレンマになっている。あなたならどうする？

---

[8] ハインツのジレンマは倫理の中で有名な創作事例だ。

さて、この事例には続きがある。

### 【事例11.2b】ハインツのジレンマ (2) 〜エイミーの意見

この状況を知った少女エイミーは、次のように言って夫を諭す。

「そうは思わないわ。盗まなくてもきっと何か方法があるはず。お金を借りるとか、ローンを組むとか、何かあるわ。とにかく薬を盗んじゃ絶対だめ。それに奥さんも死んじゃだめよ。

もし薬を盗んだら、奥さんの命はきっと助けられるでしょうね。でも盗んだりしたら、牢屋に入らなくちゃならないでしょ。そうしたら奥さんはまた病気がひどくなるし、もう薬をあげられないんだから、よくはならないわ。

だから、二人でもっと一生懸命話し合って、お金を作る何か別の方法を見つけなくちゃ。」

### ◇様々な角度から問題を分析する

このエイミーの解答は、一見相反問題のように思える問題も、別の角度から見るとそうではなくなる可能性があることを教えてくれる。

実は「妻を助けるか助けないか」と、「罪を犯すか犯さないか」は、そもそも別の問題だ（図11.1）。夫はその関係をジレンマの視点から固定的に見ていたが、エイミーは別の角度から見ることで、罪を犯さず妻を助ける手段の可能性に気付かせてくれる。

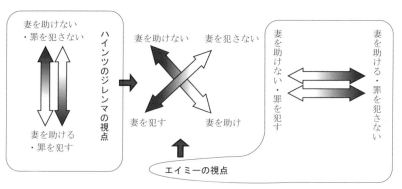

図11.1　ハインツのジレンマ

ハインツのジレンマのように問題を固定的に捉えてしまい、ジレンマに陥るのは、技術者をはじめとする専門家にとっても無縁ではない。そして、まだ工夫の余地があるのに止めて諦めてしまうことも多い。

専門家も直感に頼らねば専門性も発揮できないが、その直感を超えて、問題状況自体をよく観察し分析することが、問題解決の鍵になる。

### ◇【事例 11.1】の問題分析

まず、デビッドがフィルやダイアンの言う通り、生産量を5倍にすることを市に届けなかったらどうなるだろう。おそらく彼が気付いた通りのことが起こり、市民に健康被害が出たり、ギルベイン・ゴールドから基準値以上の有害物質が検出されて問題になったりするはずだ。そうなったら、気づいていながら何もしなかった工場が非難の対象になるだろうし、デビッドも止められなかった後悔と被害者の姿や非難の声に心を痛めることになるだろう。やはり、デビッドの懸念は、工場としても解決すべき問題なのだ。

フィルやダイアンはハインツのジレンマのように問題を固定的に捉え、工場の負担で排水処理対策すべきことと決めつけていた。しかし、デビッドが市のギルベイン・ゴールドの事業をたまたま知っていたから気づけたが、工場側が気付かなければ問題にならなかった。フィルとダイアンが言うとおり、本来これは市が対処すべき問題なのだ。

加えて、生産量を5倍に増やす計画は、納税を増やし更に市を支えることにもなる。であるならば、まず市にこの計画とギルベイン・ゴールドの汚染の可能性を伝え、排水に責任を負う工場と汚泥ビジネスを行っている市とが協議し協力して解決していくのが筋だ。

あとは、そのような方向にうまく運んでいけるように、どこにどのような話を持っていくかを工夫することだ。[9]

## 11.3 集団思考

### 11.3.1 誰もが持つ経験的で無意識的な仮説

人は誰しも無知を多く残したまま社会に出るから（1章-1.6.1）、相談して他人の知恵や力を借りる（10章-10.2.4）。そして枚挙的帰納法によって経験から次に活かせる知識を身に付けていく（3章-3.2.1）。

それは組織にとっても同じことだ。それぞれの組織には、それぞれの歴史の積み重ねによって独特な組織文化という知恵を持っている。「〇〇のDNA」と表現されたりするものだ。

しかしそのような組織文化が裏目に出ることもある。その理由の1つは、経験的に学ぶ枚挙的帰納法の推論に落とし穴があるからだ（3章-3.2.2）。【事例3.1】チャレンジャー号事故の会社経営者の打上げの判断がそれだ。24回連続成功という表面的な事実からの枚挙的帰納法では、低温時のO-リングの密閉性低下のリスクに気づくことができなかった。

そのような非専門家の素人的な考えは、専門家の意見や組織外の意見に耳を傾けることによって是正することができる。【事例11.1】の工場幹部も、専門家であるデビッドの意見に素直に耳を傾け、問題の解決に取り組むことができたはずだ。

しかし、全ての業務は多面的だから、複数の専門分野の意見が対立することもある。また組織は経営的な判断が必ず働くから、技術的専門的な判断よりも経営的な判断が優先される傾向も生まれてくる。

だからこそ専門家によるその分野のリスク情報の発信と対処へのリーダーシップが大切になる。しかし、それを妨げるような組織内の力学が働いたり、組織文化があったりする。

---

9 この問題に対して、技術者であるデビッドにコストを増やさない排水処理技術を開発して処処するよう求める模範解答もあるが、これは不適切な解答だ。なぜなら、そのような新技術の開発を工場の排水処理担当者に求めるのは無理な話だからだ。むしろ、誰の責任か、誰が具体的に処置するか、誰が負担するか、などの社会的な関係を整理し、関係者が交渉や話し合いによって解決するのが妥当だろう。

◇集団思考 (groupthink)

組織文化はどんな集団にもあるし、いろんなレベルの違いもある。例えば、学生全体を集団とみなせば、社会人全体とは異なる文化があるだろう。また工学部の学生は文学部の学生とは異なる文化があるだろう。このような文化の違いがあったとしても、それ自体は普通のことであって、特に問題はない。

しかし、組織内部の異なる意見、特に専門家の意見に耳を貸さなかったり、別の組織や集団の文化を全否定したり、その存在を認めなかったりするならば、その組織は危険な状態に陥っている。

そのような組織の状態を集団思考という。集団思考とは、「集団で合議を行う場合に不合理あるいは危険な意思決定が容認されること、あるいはそれにつながる意思決定パターン」[10] である。集団思考には8つの兆候が指摘されている（表11.1）。

表11.1 集団思考の8つの兆候[11]

---
1) 失敗しても「集団は不死身」という幻影
2) 強度の「われわれ感情」。集団の定型を受け入れるよう奨励し、外部者を敵とみなす。
3) 「合理化」。これにより責任を集団の外の者に転嫁しようとする。
4) 「モラルの幻影」。集団固有のモラルを当然のこととし、その意味を注意深く検討する気をおこさせないようにする。
5) メンバーが"波風を立てない"よう、「自己検閲」するようになる。
6) 「満場一致の幻影」。メンバーの沈黙を同意とみなす。
7) 不一致の兆候を示す人に、集団のリーダーが「直接的圧力」を加え、集団の統一を維持しようとする。
8) 「心の警備」。異議を唱える身内が入ってくるのを防いで、集団を保護しようとする。
---

Q11.4 あなたが所属する組織に"集団思考の兆候"を見出した時、そのことを組織に理解させ止めさせるようにするには、どのように説得するのがよいだろうか。

---

10 出典は、Janis Irving, "Decision Making: Psychological Studies of Policy Decisions and Fiascoes", 1982年。また (P174-175) であるが、訳語はウィキペディア「集団思考」(2018年7月15日時点) による。

11 杉本泰治／髙城重厚著『第4版 大学講義 技術者の倫理入門』丸善, 2008年 -p.45 より引用。

### 11.3.2 公益通報制度

「説得」については次章で学ぶ。ここでは、「説得」が通用しなくなった時に取るべき内部通報について学んでおこう。

日本では、組織の違法行為を内部告発する制度が、公益通報者保護法によって整備されている[12]。 ここに定められた内部告発の順序やルールは、概略次のようになっている。

順序① 組織内の通報窓口や適切な部門・役員等への通報
  法律違反や悪い結果を生むような事態が生じようとしている（生じている）と、自分が思っている場合。

順序② 処分や勧告等を行う担当行政機関への通報
  法律違反や悪い結果を生むような事態が生じようとしている（生じている）と、信ずるに足る相当の理由がある場合。

順序③ 事業者の外部（マスコミ等）への通報
  内部への通報では証拠隠滅の恐れがある場合や、順序①の通報後20日間放置されている場合、または人の生命・身体への危害が発生する急迫した危険がある場合。

このような手順を踏めば、組織を貶めようなどという不正な目的でない限り、通報者である労働者は解雇や不当な扱いから保護される、というのが日本の公益通報者保護法だ。

Q11.5 法律違反や悪い結果を生むような事態が生じようとしている（生じている）と、信ずるに足る相当の理由があるだけでは、マスコミ等に通報してはいけないことになる。それはなぜか。

◆第12章に向けた個人課題◆
次章1.2までを読み、Q12.1を考えておこう。

---

[12] 現行の「公益通報者保護法」には、保護されるのが従業員（非正規社員を含む）に限られることや、対象がリストされた法律への違反に限定されていることなど、問題点も指摘されている。

# 第12章 組織における説得

## 12.1 組織での説得

### 12.1.1 組織の中での説得の難しさ

前章 - 表11.1の集団思考の兆候に気づいたとき、その集団思考そのものの危うさを指摘し、その状況から脱するよう説得するのは困難だ。なぜならそのようなあなたの意見そのものが、集団思考にとって異質であり排除の対象だからだ。

こんなとき、最も可能性のある説得方法は、個別具体的な問題を事実から丁寧に論証し説得していくことだ。具体的な問題やリスクであれば、組織もその意見に耳を傾けてくれるだろう。

組織の中の専門家、特に高等教育を修めた高度な専門家には、自らが気付いたリスクについて組織を説得することが求められる。ここではまず、リスクに気づいた際の説得の進め方について学んでいこう。

### 12.1.2 組織の説得の進め方

第3章では、【事例3.1】スペースシャトル・チャレンジャー号事故と、この事故を予見したボイジョリーらのことに触れた。ボイジョリーらは、打上げ前日の会議で中止の説得をしたが、経営幹部4人の判断で打上げが決定され、彼らの説得は失敗した。

しかし、彼らの説得には良かった点もあれば悪かった点もある。ここでは先ず良かった点、ボイジョリーらの説得の進め方から学ぶ。

【事例12.1】ボイジョリーの説得
▷発見の報告
チャレンジャー号事故の1年前の1985年1月、通算15回目の打上げで回収

されたロケットブースターのジョイント部の検査で、ボイジョリーは2つのO-リングの間に大量の黒焦げになったグリースを見つけた。

彼は、もし2次O-リングからも燃料ガスが漏れ出せば燃料タンクに火がついて爆発する恐れがあると直感した。また、打上時の気温が通常よりも低かったことを思い出し、低温のためにゴム製のO-リングの弾力性が低下し、密閉効果が落ちていた可能性があると考えた。

彼はこれらのことを上司に報告し、更に上司の指示でNASAにも報告した。(このとき、NASAの幹部からは、解釈を和らげるように強く求められた。)

・報告：第一発見者として当然すべきこと。

▷同僚技術者との意見交換

このような低温は次の冬までは考えられなかったから結論を急ぐ必要もなかった。彼は、低温でO-リングの弾力性が失われ、密閉性が落ちて燃料ガスの漏れが生じたという自身の考え（仮説）について、同僚技術者のトムソンと話し合った。

・自分の考えや懸念が間違っていないかを確認検証できるとともに、他人の知恵を加えることで、より正しい意見にできる。
・次の行動への実際的なアドバイスと援助、支持が得られる。

▷テストによる仮説の確認

2人は低温での弾力性テストを行った。結果はこの仮説に合致しており、低温でO-リングの密閉機能が損なわれる可能性が高まった。

・仮説をテストで確認し、仮説の確からしさを高める。
（2人はこの結果について会社の技術系幹部と話し合ったが、幹部たちは、あまりにデリケートな問題なので公開するわけにはいかないと思ったようだった。）

▷組織に対策チームによる対応を提案

7月にマーシャル宇宙飛行センターで行われた会議で、ボイジョリーはO-リング弾力性の上述のテスト結果を報告し、この問題の対策チームを作るよう提案した。（しかしこの提案は受け入れられなかった。）

・問題がより確からしくなった段階で、より多くのメンバーを巻き込み、効率的な対策に移行する。

▷日誌（記録）を付け始める

O-リングの不調が繰り返し起こっているのに（後出図12.1a参照）上層部

が適切に対応しようとしないので、この問題に関連するすべての出来事を日誌に書き留め始めた。

- 記録は、解決を阻んでいる問題を発見する手がかりになる。
  （自分の主張に飛躍があるかもしれない。誰か強固な反対者がいるのかもしれない。そういったことが、記録から見えてくることもある。）
- 後々の証拠とする。また自分の説明責任を果たす資料となる。
  （実際、事故後に彼はこの日誌を事故調査委員会に提供、事故原因究明に役立てられた。）

### ▷上層部への意見文書提出

ボイジョリーには、会社幹部がこの問題に適切に対処しようとしていないと考える十分な理由があった。そこで技術担当副社長のロバート・ルンドにあてて意見文書を提出した。その中で、この問題に対処しなければシャトルは爆発するという意見もはっきり書いた。

提出に際しては、まず上司に見せて副社長への提出の事前了解を取っている。

それまでもルンドには何度か口頭でこの問題を伝えていたが、改めて書面で意見を伝えたことになる。

この文書は直ちに「社外秘」とされたが、それでも経営トップの注意をひき、検討対策チーム編成の許可が下りた。

- 証拠が残る文書は口頭より覚悟が必要だが、その分効き目もある。（今なら、メールでも同様の効果がある。）
- 上司を超えて上層部に文書を提出するとき、かならず上司にもその了解を取るのがルールだ。（文書を見た上層部が、上司にこのような文書が出された状況を尋ねる場合もあるからだ。上司が知らなければ、上司の組織統治力が問われかねない。）

### ▷飛行前日の説得

3章【事例3.1】で示した通り、彼は前日の会合に、それまでに作成した資料を急いで編集準備して臨み、「1年前のフライト時の気温以下では打ち上げるべきではない」と結論付けた。

### ◇説得のリスクコントロール

ボイジョリーが踏んだ手順には学ぶべきことが多い。彼は、最初は自分の"専門家としての勘"だった懸念（仮説）を、同僚との意見交換や実験等によって

確実さを上げていき、確かになってきた段階で多くの人を巻き込む対策チーム編成の提案へと広げていった。

それは、彼自身の直感的な理解の不確実さのリスクと、それが正しかった時のメリットとを勘案してのことだった。彼が気付いたリスクも、自分が間違っている可能性を考慮して、慎重に事を運んだのだ。

Q12.1　もし次のフライトが1か月後（2月という寒い時期）に迫っていたら、黒焦げのグリースを見つけてリスクに気づいたボイジョリーは、どのような順序やスケジュールで社内を説得していくべきだろうか[13]。

◇説得の計画性

説得という行為も、有効期限のある問題への対処だ。時間のあるときと無いとき、資源を存分に使えるときと使えない時では、説得の仕方も違って当然だ。そのような場合にも、ある程度計画的に、期限やスケジュールを頭に置いて行動する必要がある。

そして、スケジュール的な計画は、常にゴールからの逆算で考えておくことが重要だ。

Q12.1の場合、打上に関わる企業や組織はサイオコール社以外にもあるから、もしフライト延期の可能性があるなら、そのことを打上の1週間くらい前にはNASA等に通告しなければならないだろう。

そのためには、その時までに会社としてある程度の意思決定をしなければならない。そのためには、いつまでに社内で検討を開始させねばならないか。そのようにゴールからの逆算で考えていくと、Q12.1はそんなに時間の余裕が無いことがわかるだろう。

---

[13] 効果的な説得方法は、時と場合、自分の実力や組織での地位、仲間の存在などで変わってくるので、その都度工夫していく。だが、まずは報告が必要だ。

## 12.2 説得

### 12.2.1 説得とは

　説得とは、相手にこれまでの考えを変えて新たな判断をしてもらうコミュニケーション行為だ。そして判断とは、ある問題状況に対して、それをどのような問題だと認識し、どのように対処するかを決める行為だ。

　自分が問題状況に対処するとき、その判断は多分に無意識的だ。例えば、お腹が空いたら冷蔵庫に行く、もよおしたらトイレに行く、などである。しかし他人に判断を変えてもらおうとするなら、もう少し"判断"を分解しておく必要がある。

　判断は問題状況を認識するところから始まり、問題をうまく解決できる策を考え付いて終わる。つまり、問題の現状という始点と、解決された終点の2つが要る。

　また、問題状況とは、そのままでは何らかの価値が失われたり、すでに失われていたり、より多くの価値を得るチャンスを逃してしまったりする状況だった。そこから、説得には事実認識と価値評価の2つの部分が必要なことがわかる。

　特に後者の2つ、事実認識と価値評価の部分については、自分では無意識にやっているために、説得するときに区別できずに論点が混乱してしまうことが多い。だから、説得の際には、次のような2つの部分に分けることを意識しておきたい。

　　「説得」＝「事実（認識）の説得」×「価値（評価）の説得」

◇事実のみから判断はできない

　私たちはよく「バスが遅れたから遅刻しました」など、原因を事実のみで説明してしまう。そのため、判断も「事実のみから導ける」と考えがちだ。

　しかし、全て事実認識のみから取るべき道が決まるのなら、それは自動的に決まるということであって、そこに判断の必要などない。判断が必要なのは、事実認識のみから道を1つに決められないからだ。いくつかの選択肢があり、そのどれを取るべきかを価値評価するしかないから、判断という作業が必要になる。

　事実認識から1つの道に決まらない理由は、まだ起こっていない未来の事実だからだ。判断は必ず未来に続くいくつかの選択肢のいずれを選ぶかのところ

で行われる。

　【事例3.1】のチャレンジャー号打上でも、ボイジョリーは「爆発して失敗する可能性」を指摘できたにすぎないし、経営者も「爆発しない可能性」を捨てられなかったに過ぎない。

　だから、実際に説得するには事実の説得だけでなく、価値の説得も必要になる。そこに、事実だけで全てを決められない、組織や社会の人相手の活動の難しさがある。

　以下、「事実の説得」と「価値の説得」について、順に学んでいく。

### 12.2.2　事実の説得

　まず【事例12.1】に関連して2つのグラフを紹介する。図12.1(a)は、ボイジョリーが打上前日の会議で示したもの。図12.1 (b) は、後に事故調査委員会がこういうグラフだったら説得できたかもしれないと提案したものだ。1つの点は1回の打上げに対応している。1回の打上げでO-リングの不具合が発生したジョイント部の数を縦軸に、横軸は打上時の外気温をプロットしている。

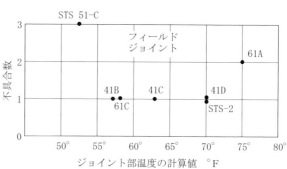

図 12.1（a）ボイジョリーが提示したとされるグラフ

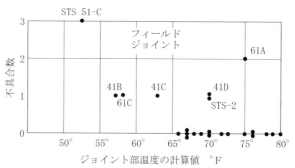

図 12.1（b）後に提案されたグラフ

Q12.2（a） 図 12.1（a）で「華氏 52℃以下では打ち上げるべきではない」という主張に説得力がなかった理由を述べよ。

Q12.2（b） ボイジョリーはこの主張を語気強く言ったが、語気を強めることに効果はあっただろうか、意見を述べよ。

◇真実性
図 12.1b に基づけば、次のようなことを論じ、結論を主張できる。
① 華氏 65°以下の打上では、O-リングに異常の無い打上は無い。
② O-リングの異常は、気温が低くなるほど多く発生している。（これは、"51-C"の1回のデータに依存しているが、このフライトでは一次O-リングに吹き抜けが起こっており、状況としても酷さが増していて、無視できない。）
③ そのため、明日の華氏 18°という低温では、O-リングにこれまで経験しなかったようなひどい異常事態が起こっても何ら不思議ではない。

技術者・科学者・研究者・実務担当者等や為政者には、事実に基づく正しい判断が求められる。またその言動は他の人々の判断にも影響するから、発言や発信は事実を歪めてはならない。

事実から何か結論を導くときは、現場・現物・現実の状況やデータから、できる限り多くの有益な情報を読み取り、そこから過不足なく（過大も過小もなく）事実に忠実な主張を導き出すこと（言い換えると、データに語らせること、データが語るように主張すること）が必要だ。

図 12.1(a) は、O-リングに異常のなかった打上げをプロットしていなかったために過小なデータになっていた。そのため、ボイジョリーの「華氏 52°以下では打ち上げるべきではない」という主張は、データが言えないことまで

過大に主張したことになり、恣意的な解釈と受け取られても仕方が無かった。（図 12.1(a) に基づけば、「華氏 75°以上でも打ち上げるべきでない」と言うべきで、それを言わずに低温時のみを問題視する合理的な理由が示せない。）

　真実を語ろうとするなら、データを合理的な理由なく削除したり足したり変えたりしてはならない。これは研究者が、データのねつ造や改ざんをしてはならないのと同じだ。

　たとえ自分が、これが真実だと思う結論があったとしても、それをデータなどの根拠に基づいて主張できなければ、それは真実ではない可能性を否定できない。（もしそれでも真実だと感じるのであれば、議論や証拠のどこかに、まだ表現できていない不足な点があるはずだ。それを探し出し、論理的に主張をまとめる訓練は、学会発表や卒業研究などでなされる。）

### 12.2.3　価値の説得

　人が問題と感じたり、逆に価値ありと感じたりするのには、3 つの門がある。それに対応して価値の説得にも 3 つの類型がある（表 12.1）。

　門 1〔結果〕；損得に訴える　　　　　　　　　　：功利的説得
　門 2〔判断や行為〕：義務感や規範意識に訴える　：規律的説得
　門 3〔無意識的な部分〕：感情に訴える　　　　　；情緒的説得

　例えば、チャレンジャー号の打上中止を訴える場合、低温時にシャトル爆発という大事故が起こる可能性が高いことの事実の説得に続いて、次のような価値の説得ができたかもしれない。

　**功利的説得**：もし事故を起こせば、スペースシャトル事業に打撃を与え、当

表 12.1　価値説得の 3 類型 [14]

| 説得の類型 | 働きかける対象 | 対応するアリストテレスの分類 ||
|---|---|---|---|
| | | 類　型 | 説得の類型 |
| 功利的説得 | 相手の利己心 | 議会型 | 利害 |
| 規律的説得 | 相手の義務感・規範意識 | 法廷型 | 正不正 |
| 情緒的説得 | 相手の感情 | 集会型 | 美醜 |

14　草野耕一著『日本人が知らない説得の技法』講談社, 1997 年 -p63. 表 2-1, p. 65 表 2-2 を編集引用。

社の経営にも大きな打撃になることは避けられないでしょう。

**規律的説得**：飛行士の命を奪うような大事故は、絶対に避けなければなりませんし、スペースシャトル事業を事故で傷つけることも絶対あってはならないことです。

**情緒的説得**[15]：ここは当社が悪者になったとしても、スペースシャトル事業が偉大な成功を続けていけるよう、勇気のある偉大な決断を下されるようお願いします。

---

☆グループワーク
Q12.3 に取り組み、ベストな説得方法を考えよう。

---

Q12.3 今あなたは、エアコンの無い作業場でアルバイトをしている。作業環境が悪く不良も出ている。なんとかエアコンをつけてもらいたいと思い、まず1時間に作業ミスで出る不良品の個数のデータをグラフにしてみた（図12.2）。このデータをもとに、事実の説得と価値の3類型による説得の言葉を具体的に考えて説得せよ。

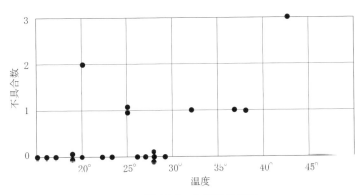

図12.2 作業場の室温

---

15 価値の説得では、語気や表情、しぐさや感情も影響する。逆に、事実の説得では、感情的な表現はほとんど良い方向に影響しない。事実は冷静に述べ、結論を導き出す価値の説得では表現豊かに主張しよう。

◇価値説得の3類型と倫理的能力の3つの部分

3類型の価値説得には、事実データの読み方との関係でそれぞれ特徴がある。まず功利的説得は、データを定量的に読み取って主張を導き出しているだろう。それに対し規律的説得は、データを定性的に使っている。「○○℃以上で働かせるのはおかしくないか」といった具合だ。そして情緒的説得は、ほとんどデータと関係なく、そこにあるのは自分対相手、人対人の関係だ。

この、結果からの損得、行動の是非、人間的な感情への働きかけの3つの門は、4章 – 図4.1で確認した倫理的能力の3つの部分にも対応していることを確認しておこう。

### ❹ ◇説得は論破でなく共感

説得は、意思決定者があなたの主張に対して同意してもらうことを目指して行うものだ。だから単に議論に勝てばいいわけではない。議論に負けた側が感情的にあなたに反発するなら、議論に勝っても説得には失敗する。説得のためには、まず共感を得ることが大切だ。

共感を得る上で大事なのは、相手の立場を理解し尊重する態度だ。相手への不信感が先に立っているようでは、相手も感情的に反発する。その場の最低限の信頼関係すら成り立っていないなら、交渉も成り立たない。戦争中の相手との交渉でもそうだ。

よく、自分の考えが理解されないと、「なぜ理解してくれないんだ」と感情的になってしまう説得者がいる。これは無意識のうちに「自分の言っていることが正しい。それを理解しないあなたが悪い」、あるいは「自分を理解してほしい」という感情が先立ってしまっているからだ。これは、相手の立場を理解し尊重する態度から少しずれてしまっているし、感情が先立つからきちんと事実の説得を論じていくのも難しくなる。

説得のゴールは、相手の考えを変えてもらうことだ。だからあくまで相手の理解や判断を順番に変えていく冷静さと、相手を尊重する態度が大切だ。

### 12.2.4　人としての説得力

人が感じる側に3つの門があるのと同様に、説得力を発するあなた自身にも、3つの仕方で説得力が生じる。また社会や第三者からの評価もあなたの説得力（信用力）を左右する。

仕方1〔結果〕；これまでの実績や評価
仕方2〔判断や行為〕：論理的でわかりやすい説明、倫理的な判断
仕方3〔無意識的な部分〕：人柄（身なり、態度、言葉遣いなど）
仕方4〔社会的信用〕：肩書・身分・資格、評判、信用のおける者の推薦

　これらの説得の仕方の力全てを備えている人などほとんどいない。しかし、どこかの部分で損していると指摘される人は多い。

　よく1つの面だけで人を評価してしまうことがある。しかし人の評価はそれほど簡単にできるものではない。まだ世間を知らない子供だからこそズバリと本質を突く意見を言うこともあるし、どんなに立派な地位にあっても倫理的に間違った判断をすることもある。

　私たちは、今できること、すなわち仕方1〜3を積み重ねることで、説得力のある頼りになる社会人や技術者、専門家になっていくことができる。仕方4の最低限は卒業証書だが、社会人になってからが自分を磨いていく本番だ[16]。

## 12.3　専門家に客観的評価を誤らせる要因

### 12.3.1　専門家と素人との感じ方の違い

　前節では、専門家がその分野のリスクについて、非専門家の多い組織を説得する方法を学んだ。しかしそれが成功すれば組織は安泰かと言えば、そうではない。なぜなら、私たち専門家（高等教育を受けている者や修めた者）には、だからこそ判断を間違えてしまうような落とし穴があるからだ。

【事例12.2】プリウスのブレーキ不具合によるリコール[17] ─────
　トヨタ自動車は、その環境・燃費性能の高さとハイブリッド技術の高信頼性で高い評価を受けてきたハイブリッドカー、3代目プリウスを2009年5月に発売した。その高い燃費性能を支える技術の1つに、ブレーキ時に発電する回

---

16　現代の高等教育の流れでは、高等教育卒業までに、社会人として自律的に専門的業務を遂行できる素養（2章‐図2.3）を身に付けることが期待されている。その後、社会人や技術者になってから、継続研鑽（CPD: Continuous Professional Development）によって、素養を基礎に自身を磨いていくことが期待されている。

17　トヨタリコール問題取材班編「不具合連鎖」日経BP社、2010年他に基づく。

生ブレーキシステムがある。これはモーターを減速機兼発電機として利用するブレーキ方式だ。一方、プリウスには低摩擦路面でもタイヤをロックさせないようにポンピング・ブレーキを自動で行うABSを装備している。これは車輪を摩擦で止める従来式のブレーキだ。この2つの原理的に異なるブレーキをバランスよく両立させ、運転者がイメージするブレーキの利き方を実現しつつ環境性能を向上させることが、プリウスの一つの技術的課題だった。そして3代目プリウスはこの課題をクリアし、リスクアセスメントも合格した上で販売されたはずだった。

新聞報道（朝日新聞2010年2月4日付）によると、発売2ヵ月後の7月、千葉県松戸市で新型プリウスが追突事故を起こした。そのとき運転者は警察などに「信号でブレーキを踏んだが利かなかった」と話したことから、国土交通省はトヨタ自動車に対して調査を求めた。トヨタは9月に車両に問題は無かったが、ブレーキを踏んだときの感覚が他の車両と違うという特徴がある、という調査結果を報告した。12月になると「ブレーキが一瞬利かない」という苦情が2件、2010年1月には11件あったという。

トヨタ自動車は2月3日に会見し、発売以降ブレーキに関して販売店に寄せられた苦情は77件に達することを公表した上で、対策については「（ブレーキ制御の）コンピュータ（プログラム）を変えた。クレームがあれば販売店でも変えていると思う。変更は2時間もあればできる。」と話し、今後も苦情があれば変更に応じるとした。ただ、販売済みで苦情が寄せられていない車については、その時点では対応を取っていなかった。

この発表を受けて、1月14日に追突事故を起こしたユーザーからの情報・意見が記事になっている（同じく朝日新聞2月4日付け朝刊11面より）。

「前の車が減速したのに合わせ、ブレーキを踏んだ。すぐ止まれそうな速度なのに、スーッと滑っていく。そのまま、前の車の後部バンパーに接触してしまった。路面は一部が凍結していた。『冬用タイヤに変えていなかったからか』と思った。そこへ、ブレーキ不具合の問題が報道された。…『もっと早くトヨタが教えてくれたら、もう少し注意して運転できたのに、許せない』…。」

2月9日、トヨタ自動車はこれを安全上の不具合と認めてリコールを届け出た。その会見での説明を纏めると、不具合（最も典型的な事象について説明）は次のようであった。

「典型事象：車速が20km/時から減速し、その途中に1mほどの氷の部分を

通過する状況
- 氷でタイヤが滑り始めて ABS が利き始めるまでの時間
  通常 ABS：0.4 秒 に対し、 新型プリウス：0.46 秒（＋ 0.06 秒）
- この遅れによる制動距離変化（目標距離 12.3m，一定踏力 =30N［ニュートン］時）
  通常 ABS：12.9m に対し、新型プリウス：13.6m（＋ 0.7m）
- この遅れを取り戻し、目標距離（12.3m）で止まるときに必要な踏増し力
  通常 ABS：10N〔計 40N〕、新型プリウス：15N〔計 45N〕

これらの僅かな挙動の差が、追突事故を招くこともある程の感覚の違いになっていた。」

同じ会見で豊田社長は、「ご説明申し上げた状況が発生した場合は、ブレーキをしっかり踏み込んでいただければ、確実に止まることができますので、ご対応くださいますようお願い申し上げます。」と説明した。


◇　知識と感じ方

「まったく同じ条件で、同じ事象を体験したら、そこでの感覚も同じに違いない。」これは、一見当然のように思える解釈だ。プリウスの技術者たちもきっとそう考えたのではないだろうか。しかし、実際にはユーザーの数十人は追突事故を起こしている。

ユーザーと技術者で感覚が違っているとすれば、その最大の原因は'知識の違い'だ。初めから自動車の構造上ブレーキは踏み込めば利くことを確信していたら、技術者のように誰もが冷静に踏み増しできる。しかし、そのような知識のない一般ユーザーが、ブレーキの途中でいきなり利かなくなったと感じたらどうだろう。慌ててしまったり、アクセルを踏んでいるかと勘違いしたりするかもしれない。そうなると、ブレーキを踏み込むのを躊躇したり、ブレーキから一旦足を離したりしてもおかしくない。そうなったら 0.06 秒の違いが数秒の違いに瞬く間に拡大してしまう。

「もっと早くトヨタが教えてくれたら、もう少し注意して運転できたのに」とユーザーが思うのも無理の無いことだった。

しかし、技術者としては、「自分たちには危険だとは感じない。正常な車でも苦情はあるものだから、今回もユーザーの側に原因があるかもしれない。」

と考えてしまったかもしれない[18]。もしそうなら、技術者（専門家）の判断が反って組織のリスク対処を誤らせたことになる。

### 12.3.2 「客観的な感じ方」など無い

技術者など科学教育を受けてきた者は、"何事もどんな問題でも科学的に答が出せる"と考えがちだ。しかも、技術者や科学者こそが、最もモノや真理に密接に関わっている専門家だ。だから、自分たちの価値観こそが一番客観的だ、と思いたくもなる[19]。

しかし社会の中で、あらゆる面で中立的で客観的な立場で生きている人などいない。それぞれの人の見方や考え方は、自分の立場や活動の場、そこでの経験、これまでの学んできた知識などを基礎にしたものだ。そして、異なる立場や活動場、経験、知識を持つ他人のことまで理解するのは難しい。

確かに、科学・技術の専門家は、事実認識において専門的知識が優れた力を発揮する。しかし、価値評価についてはその範囲外だ。人は社会の中で生きている。その社会の中に問題が生じるが、その人の問題はその人が価値評価して認識した問題だ。そのような問題の全てを認識することは、科学・技術の知識や訓練だけではできない。それが、第2章-2.2.5で一般教養を学ばねばならない理由だった。相手を理解できるようにならなければならない。他人の問題をうまく解決することはできない。

◇科学者・技術者が陥る独善の落とし穴

価値評価は客観的にできないにしても、最も正確に事実認識できるのであれば、科学者・技術者の判断こそが最も正しはずだ、と言えないだろうか。

このような感覚では、社会や他人の問題に対してはうまくいかないわけだが、それでもこのような考えを強化してしまうメカニズムが、私たちの専門教育の中に潜んでいる。

---

18 この部分は著者の推測に基づいて可能性を指摘したものです。当事者の技術者に取材したわけではありませんので、確認された事実と取り違えないでください。

19 実際「私たちが正しく世の中の物質的環境を変えていっているのだ。素人の余計な口出しはその正しさを歪めるだけだ。」といった考えは、ついこの前まで科学者や技術者から実際に聞かれた言葉だ。

工学部の学生に次のような質問（Q12.4）をしたところ、以下のような回答傾向がみられたという[20]。

Q12.4　以下の質問に答えてみよう。

（質問）次の学問分野を、'経験的な科学'と'それ以外'に分けなさい。
・論理学　・哲学　・数学　・物理学　・化学　・天文学・気象学
・生物学　・心理学　・文学　・法学　・経済学・経営学　・会計学
・教育学　・情報工学　・機械工学　・電気工学　・脳科学
・土木工学　・材料工学　・農学・古生物学　・地球惑星科学

これに対する、工学部学生の回答傾向はつぎのようだった。
1年生···理系の学問を経験的科学に、文系の学問を'それ以外'に。
2年生···自分の専門分野以外の理系の学問も'それ以外'に。

この回答傾向をあえて解釈するなら、「自分のやっていることは確かに科学的な正しさを持っているが、他の学問分野が科学的な正しさを持っているかどうかは疑わしい」と、感じているということだ。皆さんはどうだろうか。

もしこのような傾向が一般的だとしたら、社会の中で「自分たちの学問分野が他の学問分野よりもより正しい結論を出せる」と考えてしまい、事実認識と価値判断をトータルで考えると「自分が一番正しい」という独善的な結論になってしまう可能性がある。

私たちは、自分とは異なる分野の専門家も、同じように感じていることを理解し、つまりどの専門分野も同じだけ確からしく科学的だということを確認しておきたい。

◆第13章に向けた個人課題◆

科学の進歩、技術の進歩は、社会が進歩したり豊かになったり人々が幸せになったりすることに必ず結び付くだろうか。それとも、必ずしも結びつかないのだろうか。自分の考えをまとめておこう。

---

[20] 青木滋之「科学方法論・クリティカルシンキング教育としての科学哲学教育」，科学技術社会論学会第8回年次大会（2009年11月14日）ワークショップ発表を参考にした。

# 第Ⅴ部
# 変化する社会と倫理

　米国で「技術者倫理」「工学倫理」という科目ができた1980年代は、科学・技術、社会、自然環境、世界の在り方が大きく変化する時期と一致する。その変化は今も加速度を増しながら進んでいる。「価値観の多様化」「地球環境問題」「持続可能な開発」「高度情報化社会」「高度科学技術社会」「グローバル化」などの言葉は、生まれて既に約30年以上になる。わずか10数年前に生まれたスマートフォンは、今や世界の隅々でなくてはならないアイテムになり、日本でも「インスタ映え」がビジネスを変えるまでになっている。

　第Ⅴ部では、この変化をまず確認し、その中での科学・技術の専門業務に求められることやできることが変化していることについて考える。また、情報化による人間関係の変化と、それによって更に難しくなりつつある倫理的想像力の問題も見ていこう。

　これからの時代に技術者などの専門家に求められることも、20年前と変わってきた。その変化は、「技術者倫理」が生まれた頃よりはるかに鮮明になっている。そのために身につけておくべき素養を、本書の全体をまとめる形で確認する。

　そして最後に、学業生活から社会人生活に踏み出し生きていく勇気について、それをどう準備すればよいかについて考えよう。

# 第13章　人工の世界と専門業務

## 13.1　価値観の多様化と「技術者倫理」科目

### 13.1.1　「道具（手段）は中立」か?

　工学などの実学は、「使える知恵」を生み出し、教え、実際に使うためにある。技術などの専門業務は、実学を使って実際の問題を解決するためにある。その実学や専門業務そのものは、普遍的な知識や汎用的な手段であり、それ自体に善悪は無く中立的だというのが一般的な考えだ。同じ火薬（ダイナマイト）でも、土木工事に使われれば善だが、戦争で大量殺戮に使われれば悪にもなる。

　しかし、現代ではこのような考えは、無条件には成り立たないことが明らかになってきた。それ自体は中立的な知恵や道具の変化が、私たち自身の生活や社会、環境、人間関係を大きく変えてしまったからだ。私たちは、既に多くの人工物に支えられて生きているだけでなく、人工物なしには生きられないようになっている。そのため知恵や道具から直接的に影響を受けるが、他方では知恵や道具は様々なリスクを不完全にしか防げない。

　例えば、2011年3月11日に発生した東北東部沖大地震と大津波では、道路、水道、電気、ガス、通信、港湾などが破壊され、多くの職場と家が失われ、復興までに多大な辛抱と努力と労働と資源と時間を要する大震災になった。しかしこれが原始時代だったらどうだろう。おそらく、生き延びた人たちは直ぐに復興し、それぞれの生活を始めていたに違いない。

　日本は、1945年の終戦から戦後復興を開始し、その後高度成長期の後、低成長期（ゼロサム社会）、バブル景気とその崩壊、失われた20年を経て現在に至っている。その高度成長期までは、まだ不便さが多い時代だった。電力不足が問題になり、石炭が多く使われていてその運搬が家事や職場の風景でもあっ

た。テレビ、冷蔵庫、洗濯機が「三種の神器」と呼ばれ、遅れて電話も家庭に普及していった。未舗装の道路や下水道が未整備のところも多く、工事や建築の現場が全国どこでも身近にあった。

そのような時代、技術者が社会にとって有用だ必要だと思う技術や製品は、多くの人々もまたそう思っていた。水俣病のような公害も、科学技術の進歩によって社会が豊かになることの前では、「必要悪」として許されるような風潮さえ最初はあった。

しかし1990年代のバブル景気になると「物質的な豊かさは既に手に入れた」と考えられるようになった。そうなると、「何がより豊かか？」は、人によって様々な捉え方が可能になった。従来通り「より便利」であることだけでなく、多少不便でも「自然の豊かさ」や「ゆったりとした時間」、「楽しい時間」の方に豊かさを感じる人も出てきた。これが、「価値観の多様化」と呼ばれる社会現象だ。

それとともに技術的な事故や専門職業者による不祥事に対して厳しい視線が向けられるようになった。「技術者倫理」「工学倫理」という科目は、そのような社会変化の中で生まれてきた。

## 13.1.2 科学・技術が関わる4つの問題領域

科学的あるいは技術的な業務が現代社会にもたらす問題には4つの領域がある。

1つ目は、技術によって作り出された人工物そのものが危険で、社会の中でリスクになっている問題領域だ。このようなリスクを生まないための知恵は第Ⅲ部で学んだが、それだけでなく、過去に不十分な安全設計による人工物が残存する問題や、老朽化の問題もある。この領域については、この後の13.2節で考えよう。

2つ目は、人工物と人々の活動の規模が大きくなり、地球の許容限界を超えつつあることによる問題領域だ。地球温暖化をはじめとする地球環境問題がこれにあたる。この問題領域は13.3節で考える。

3つ目は、科学・技術が進み、これまでできなかったような生命や人類の本質まで変える可能性がでてきたことによる問題領域だ。生命倫理や医療倫理などの様々な問題がこれにあたる。この問題領域については、13.4節で考えよう。

4つ目は、高度情報化社会の進展によって、人と人との関係が変化し、従来の秩序やモラルの在り方が大きく変化している問題領域、それに対応していく

難しさからくる問題領域だ。これについては第14章で扱う。

> ☆グループワーク
> 本章は、13.2〜13.4節のいずれかを重点に取り組めばよい。
> 取り組んだ節のQ13.Xについて議論しよう。

## 13.2 「科学技術への過信」の問題領域

### 13.2.1 科学技術への過信

「できる」という言葉の意味には様々な程度の「できる」がある。「確実にできる」もあれば「とりあえずできる」も、「たまにできる」もある。可能性として「できないわけがない」という意味もある。

高度成長の時代、科学技術の進歩が社会を豊かにする中で、科学技術は「何でもできる」「夢の技術」であるかのような過信が生まれ、科学技術への過度な期待が生まれていた。その成果によって、それまでの不便な生活を一変させ、便利で豊かにしてくれたからだ。

実態は科学技術も間違えるし（第9章）、その頃の安全設計技術もまた不完全だった（第7〜8章）。しかし、科学技術への過信によって、そのような技術の不確実性やリスクは軽視された。そのため、高度経済成長の時代に大量に作られた人工物や建造物にはリスクが作り込まれてしまっているものも多い。

### 13.2.2 過信の結果に対して事後対処する課題

高度経済成長の時代に大量のエネルギーと資源、人員を投じて建設された各種のインフラストラクチャーは、老朽化が進んで寿命を迎え、各所で見えないリスクとなって私たちの生活を脅かしつつある。

【事例13.1】笹子トンネル天井版落下事故[1] （2012年12月2日）

笹子トンネルは1977年に完成した中央自動車道大月JCT〜勝沼IC間にある全

---

1 この事例は、国土交通省ホームページで公開されている「トンネル天井板の落下事故に関する調査・検討委員会報告書」（2013年6月18日）に基づき、図13.1、図13.2もこの報告書からの引用。

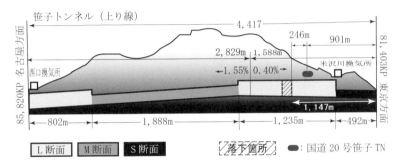

図 13.1 笹子トンネル縦断面

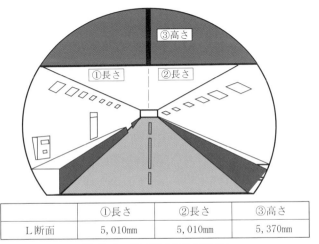

|  | ①長さ | ②長さ | ③高さ |
|---|---|---|---|
| L断面 | 5,010mm | 5,010mm | 5,370mm |

図 13.2 落下部の断面概要図

長4,417mの自動車トンネルである（図13.1）。

事故は午前8時3分頃に発生した。東京側から約1,150m付近で、トンネル換気のために設置された天井板（①,②）および隔壁板（③）などが約140mにわたって落下し、同区間を走行中の車両3台が下敷きになるなどの被害を受け、うち2台から火災が発生した。死者9名、負傷者2名の惨事となった。

直接的な原因は、隔壁板をトンネルの天頂部に固定し、天井板を含む全体を吊り下げていた樹脂接着剤系のアンカーボルトが抜け落ちたことだ。これによって隔壁板と天井板が落ちた。

事故後の検査で、多くのアンカーボルトで、孔奥部の樹脂の溶け残りの施工不良が見つかった。また、アンカーボルト部の近接での目視および打音検査

は、2000年以降12年間未実施になっていた。2001年にはアンカーボルトの引抜試験(4本)を実施し、施工不良が確認されていたにもかかわらず、原因究明がなされず、その後の点検にも反映されていなかった。

事故を受けてNEXCO中日本は、同型のトンネル共通の再発防止策として、天井板および隔壁板を撤去し、別方式の換気設備を設置した。

調査報告書では、事故の教訓として、各現場の構造物の経年変化、点検の実施計画、計画変更、経緯、補修補強履歴などの共有・継承を確実に行うことの重要性が指摘されている。

### ◇社会資本整備審議会からの警告(表13.1)

高度経済成長の時代から安全技術が徹底され始めた近年まで、様々な人工物や建造物が創り出されてきた。そこには老朽化だけでなく、現代のレベルからは望ましくない危険なものも含まれている。

例えば、【事例8.1】の大阪府北部地震ブロック塀倒壊事故を受けて行われた学校など公共施設の検査では、建築基準法違反を含め多くの危険なブロック塀が見つかった。実はブロック塀の危険性については数十年前から指摘され、建築基準法にも盛り込まれていた。

しかし、私たちは事故や犠牲者が出るまでは、問題と感じていても具体的な解決を先延ばしにしてしまう傾向があるようだ。そしてこのような危険個所はその他の人工物や建造物の中に今も対策されずに多く潜んでいる可能性が高い。

今の日本に必要なのは、検査管理やメンテナンス、リノベーションといった技術ではないだろうか。そこに必要な技術は、一時代前の技術を基本としながら、メンテナンスならではの新しい技術を加えたものだろう。その技術はイノベーションを起こさないかもしれないが、これからの社会には必要になってくるだろう。

表 13.1

## 最後の警鐘－今こそ本格的なメンテナンスに舵を切れ

### 静かに危機は進行している

高度成長期に次々と建設された道路ストックが高齢化し、一斉に修繕や作り直しが必要となる道路老朽化時代が到来している。当審議会は「今後適切に投資を行い修繕を行わなければ、近い将来大きな負担が生じる」と繰り返し警告してきた。

しかし、デフレが進行する社会情勢や国や地方自治体の財政事情を反映して、その後の社会の動きには行動に移すことへの逡巡が見られる。即ち、平成17年度の道路関係四団体民営化に際して、平成21年度まで高速道路の維持管理費が約30%削減され、直轄国道の維持管理費についても概ね10～20%削減することが直轄国道の維持管理費に関する検証報告書に記載されている。社会全体が示す関心の低さ、時間が止まったかのような状況の中で、管理責任のある地方自治体の長も、また住民もすべて今のままで良いと思っているのだろうか。

この間にも、静かに危機は進行し、道路構造物の老朽化は進行を続け、日本の橋梁の70%を占める市町村が管理する橋梁では、通行止めや車両重量規制はこの5年間で2倍と増加し続けている。その箇所数は全国で約2,000箇所に及び、地方自治体の技術力の低下とあいまって、点検すらままならない事態に陥るところも増えている。

今や、危機のレベルは高進し、危険水域に達している。ある日突然、橋が落ち、壊滅的な事故が発生し、経済社会が大きな打撃を被る……。そのような事態はいつ起こっても不思議ではないのではないか。我々は再度、より厳しい言い方で申し上げたい。「今こそ本格的なメンテナンスに舵を切らなければ、近い将来、橋梁の崩落など人命を失う事態を招くことに関わる致命的な事故を招くことになるだろう。」

### すでに警鐘は鳴らされている

平成24年12月、中央自動車道笹子トンネル上り線で天井板落下事故が発生、9人の尊い命が犠牲となり、長期にわたって通行止めとなった。老朽化時代が本格的に到来したことを告げる出来事である。この事故以来、道路以外の分野においても、メンテナンスの重要性が叫ばれ、予算付けではなく、体制・組織、技術力・企業風土など根源的な部分の変革が求められる事象が出現している。これらのことを明日のわが国の自らの災害に起こりうる危機として捉える判断が必要である。

2005年8月、米国ニューオーリンズを巨大ハリケーン「カトリーナ」が襲い、甚大な被害の様子が世界に報道された。実はこの災害は早くからニューオーリンズの巨大ハリケーンによる危険性が以前から専門家によって政府に警告され、連邦緊急事態管理庁（FEMA）の災害研究で、その危険性は明確に指摘されていた。にもかかわらず対策に投資する決断ができず、被災世帯250万という巨大な被害を出している。「来るかもしれない、すぐには来ないかもしれない」という不確実な状況の中で、資源を将来に投資する決断はしなければならなかった例は反面教師としなければならない。

橋やトンネルは「壊れないかもしれない」、すぐには壊れないかもしれない」という感覚があるのではないだろうか、地方公共団体の長や行政の「まさか自分の任期中に…」という感覚はないだろうか。しかし、我々は東日本大震災で経験したではないか。千年に一度と言う可能性のあることは必ず起こると。笹子トンネルで警鐘はすでに鳴らされているのだ。

### 行動を起こす最後の機会である

道路先進国の米国にも1つのベンチマークすべき教訓がある。1920年代から幹線道路網を整備した米国は、1980年代に入ると各地で橋梁や道路が壊れ使用不能に直面した。インフラアメリカが「荒廃するアメリカ」となった結果である。連邦政府はその後ピッチを上げ予算を増やすよう努めているが、それらの改善された社会インフラが、その後の米国の発展を支え続けている。

笹子トンネル事故は、今が国土を維持し、国民の生活基盤を守るために行動を起こす最後の機会であることを警鐘を鳴らしているのだ。削減が続く予算と技術者の減少が限界点を超えたのちに一斉に危機が表面化すればもはやまともな対応は不可能となる。日本の米国同様、危機が放置された状況は1980年代の米国以上に危険である。状況はさらに深刻で、危険なレベルにまで達している。笹子しかありえないレベルにまで達している。笹子の警鐘を確かな教訓として「荒廃するニッポン」の到来を前に、一刻も早く本格的なメンテナンス体制を構築しなければならない。

そのために国は、道路管理者に対して厳しく点検を義務化し、「産学官の予算・人材・技術力を総力戦のメンテナンス体制を構築」し、「政治、報道機関、世論の理解と支持を得る努力」を実行するよう提言する。

「道路法に基づく軌道修正は簡単ではない。しかし、科学的知見に基づくこの提言が、この国の将来をリードする政治、マスコミ、経済界の英意を、同時代の有識者、民間企業関係者が益を確実にしなければ、その責はすべての関係者が負わなければならない。

いつの時代も始まりは簡単ではない。しかし、科学的知見に基づくこの提言が、この国をリードする政治、マスコミ、経済界の英意を、「危機感覚を共有」、「危機感覚の利益を確実にしなければ、その責はすべての関係者が負わなければならない。

（社会資本整備審議会道路分科会建議「道路の老朽化対策の本格実施に関する提言」（平成26年4月14日）

### 13.2.3 「科学技術への過信」への反省の課題

科学技術への経済社会からの期待は、今も続いている。「科学技術立国」や「モノづくり」などの言葉が科学技術白書などに使われているのはその表れだ。同時に、科学技術が誤りを犯すことに対する認識不足が、今も十分には消えていないようにも感じられる。

私たちは、科学技術が無謬ではないこと、そのため第9章で確認したような「間違い最小」「実害最小」のための努力を常に欠かさず、できるだけ危険なモノを創り出さないことが必要だ。

また、そのような実際に危険なものを創り出さない努力や、第8章で確認したような安全技術の深化と普及の努力、および、科学・技術を過信してはならないという判断部分での反省を、社会の中で徹底させていくことも大切だ。

Q13.1 私たちの身の回りには、まだまだ危険なモノが残されている可能性がある。思いつくものを出し合い、なぜ今まで残されてきたか、理由を考えよう。

### 13.3 「地球の限界」の問題領域

#### 13.3.1 「地球は無限」という誤解

産業革命から続く工業化の時代も、数十年前までは未開発の領域が多く残されていた。そこから資源を新たに開拓し、その不便さや不衛生さや危険性を人工物によって克服し、より便利にしていくことが社会の豊かさの中身だった。そのような時代、未開の先はよくわからないから、「地球は無限」と考えられても不思議ではなかった。

水俣病などの公害病も、地域の自然環境を汚染し健康被害を起こしているとは考えられていたが、「地球は無限の浄化槽」と考えられていたから、地球全体の環境を汚染しているとは気づいていなかった。

レイチェル・カーソンが『沈黙の春』の中で、農薬の大量使用によって生物環境を大きく損ねていることを明らかにし（1962年）、1970年代には北極圏のアザラシなどからPCBなどの化学物質が検出され、1972年には国連人間環境会議が開かれ、同時にローマクラブがデニス・メドウズらの研究成果『成長の限

界』を出版したことなどにより、地球は有限という認識が一般的に広がっていった。

　日本でも1970年代には「宇宙船地球号」という言葉が語られた。初めて『公害白書』が出されたのは1969年。1972年には『環境白書』となった。同時に「地球的規模で進行する環境汚染」を扱い始めたが、1984年版には「地球規模」の項目が一旦なくなっている。1981年に再び「地球的規模の環境」が現れ、1983年から継続して扱われ始めた。「地球環境問題」という言葉が使われたのは1988年版からである。

### 13.3.2　「地球の限界」に直面したことによる問題群

　現代文明は「地球は無限」という前提で発展してきたから、「地球の限界」を認識したからといって、すぐにその在り方を変えるのは難しい。そのため、在り方を変える努力は、一つひとつ実際に問題を認識したところから始められてきた。

　1972年の「環境白書」では「地球的規模で進行する環境汚染」という項目で、公害問題が国境を越えるという認識が示された。翌年の白書では「人口・資源問題と環境問題」という項目名になり、1981年版では「野生生物種の減少」が扱われた。1983年版では、大気汚染、酸性雨、地球温暖化の可能性、オゾン層破壊の可能性、海洋汚染、土壌悪化、熱帯林の減少が扱われ、1984年版では砂漠化が加わった。

　1988年版では、海洋生態系、陸上生態系と有害廃棄物の越境移動が扱われ、1989年版で「地球温暖化」が独立した項目となった。1990年版では「地球環境問題は、様々な要因が相互に絡まりながら発生する」「地球環境の保全は、世代を越えた長期的視点に立って総合的に進める必要がある」という認識が現れた。1991年版では地球環境問題の項目として、オゾン層の破壊、地球温暖化、酸性雨、森林（熱帯林）の減少、野生生物種の減少、砂漠化、海洋汚染、有害廃棄物の越境移動、開発途上国の公害問題を扱っている。

　1992年版では「持続可能な社会」という視点が現れ、1993年版では、前年に開催された地球サミット（リオ宣言、アジェンダ21）を踏まえた国際的な取り組みの視点から問題を捉えなおしている。

　「持続可能な社会」という視点はさらに進み、2000年には国連ミレニアム・サミットが開催され、「国連ミレニアム宣言」を採択。これをもとにミレニア

ム開発目標（MDGs：Millennium Development Goals）がまとめられ、2015年までに達成すべき8つの目標が定められた（1. 極度の貧困と飢餓の撲滅，2. 普遍的初等教育の達成，3. ジェンダーの平等の推進と女性の地位向上，4. 幼児死亡率の削減，5. 妊産婦の健康の改善，6. HIV／エイズ、マラリアその他疾病の蔓延防止，7. 環境の持続可能性の確保，8. 開発のためのグローバル・パートナーシップの推進）。この目標は、2015年の国連サミットで採択された2030アジェンダと、2016年～2030年の15年間で達成すべき17の目標（持続可能な開発目標-SDGs：Sustainable Development Goals）として発展的に取り組まれている。

それ以外にも新しい問題が徐々に付け加わっている。2007年版からは『環境・循環型社会白書』となったが、そこでは海の酸性化が新たな問題として取り上げられた。また、2018年版にはマイクロプラスチックの問題が新たな問題として加えられている。

更に2018年6月9日のG7シャルルボワ・サミットでは、海洋プラスチック問題などに対応するため世界各国に具体的な対策を促す「健康な海洋、海、レジリエントな沿岸地域社会のためのシャルルボワ・ブループリント」が採択された。同時に、イギリス、フランス、ドイツ、イタリア、カナダの5カ国とEUは、自国でのプラスチック規制強化を進める「海洋プラスチック憲章」に署名している[2]。

◇**具体的な問題の新たな発見は続く**

「有限な地球」に対して「地球は無限」という考えで産業化を進めたことが、後から間違いだったと気づかれた。しかし実際にどのような問題が起こっているのかは、一つひとつ気づいていくしかない。そしてマイクロプラスチックの問題は、その問題発見の過程がまだ続いていることを教えてくれた。その一因は、地球システムの側だけでなく、人工物が老朽化し分解していく過程で新たなリスクが発生することにもある。

また、私たちは既に「地球の限界」に達した部分もある一方、これから達してしまう部分もある可能性を見逃すべきではない。既に分かっている問題だけでなく、これからも新たに明らかになる問題にも注意を向けていく必要がある

---

2 海洋プラスチック問題の出典：サステナビリティ・ESG投資ニュースサイト（https://sustainablejapan.jp/）

し、明らかにするための努力も払わねばならない。

### 13.3.3 予防原則

　地球環境問題に対処するとき、いつも問題になるのは、有害性や原因が「まだ科学的に証明されていない仮説にすぎない」ということだ。例えば、地球温暖化の温暖化ガス原因説は、様々な気候モデルと過去の有限な観測データをもとにした今後の予想（シミュレーション）に基づくものであって、未検証（未妥当性確認）の仮説に過ぎない。これに対して、そのような仮説に基づく温暖化ガス削減対策は、膨大なコストを無駄にし、経済に悪影響を及ぼすという批判がある。

　しかし、もし対策せずにこの仮説をまず検証（妥当性確認）するならば、仮説が正しかったことが分かった時には、既に後戻りできない大きな被害に見舞われてしまっていることになる。

　未来のことの正しさは科学的に検証できない。検証できるのは、明らかに論理的に間違っている場合だけだ。そして、地球温暖化など地球環境問題とされる現象は、その有害性も含め蓋然性が高い。ならば、早期対処し原状復帰（停止）することが、今求められていることだろう。

　このような原則は「予防原則」として、1992年の地球環境開発会議「環境と開発に関するリオ・デ・ジャネイロ宣言」で次のように確認されている。
「環境を保護するため、予防的方策（Precautionary Approach）は、各国により、その能力に応じて広く適用されなければならない。深刻な、あるいは不可逆的な被害のおそれがある場合には、完全な科学的確実性の欠如が、環境悪化を防止するための費用対効果の大きい対策を延期する理由として使われてはならない。」

### 13.3.4 「持続可能な開発」の追求[3]

　「人類の経済社会活動が地球の許容量を超えないようにする」という課題に対して、「原始時代には戻れない」という声も聞かれる。しかし、この問題の捉え方は単純すぎる（【事例11.2】ハインツのジレンマ）。

---

3　水野朝夫「技術者が捉える環境問題の諸相」名古屋工業大学技術倫理研究会『技術倫理研究会』No. 6, 2009年、pp. 81-107 に基づく。

まず「地球の許容量とは何か」を明らかにし、その範囲内に抑えながら「開発する」「発展する社会」を考えねばならない。

「地球の許容量」については、次の2つの提案を紹介する。

◇**ナチュラル・ステップ**（TNS：The Natural Step）
スウェーデンのNGOが提唱した持続可能な社会が満たすべき4つのシステム条件

---

- 「自然の中で、地殻から取り出した物質の濃度を増やし続けてはならない」（金属や枯渇資源を掘り出して、使い捨てを続けてはいけない。）
- 「自然の中で、人間社会が作り出した物質の濃度を増やし続けてはならない」（プラスチックなどの人工的な物質を環境中に捨て続けてはならない。）
- 「自然の物質的基礎を破壊し続けてはならない」（道路，建物，港などの人工物で自然を改変し続けると、他の生物種を絶滅に追い込んでしまう）
- 「その社会では、人間のニーズが世界中で満たされている」（豊かさを世界中に普及させる、貧困の解決。人間の開発、人間の能力開発）

---

◇**ハーマン・デイリーの3原則**：定常経済

---

第1原則：「再生可能資源の消費量が再生量以下であること」
　　　　（たとえば、漁獲量は、魚の増殖量を下回ること。）
第2原則：「再生不能資源の消費量が、新たに作り出した再生可能資源の量に等しいこと」
　　　　（年間に使用した石油・石炭などの再生不能エネルギーの使用によって、同量の新たな再生可能エネルギー生産力を生み出せば、エネルギー資源の利用可能量の総量は不変となる。）
第3原則：「廃棄物量が環境の浄化能力を超えないこと」
　　　　（たとえば、$CO_2$排出量が地球の$CO_2$吸収量を超えなければ、大気中$CO_2$量は増えない。）

---

また、地球の許容量を超えない開発のイメージとして次の提案を紹介する。

◇国連大学及び「環境立国宣言」（2007年の閣議決定）

> 低炭素社会：温暖化ガス排出の大幅削減や、再生可能エネルギーを創出する。
> 循環型社会：3R（削減：Reduce，再利用：Reuse，再生利用：Recycle）を推進し、廃棄物の地球への投棄量を減らす。
> 自然共生社会：自然の恵みを継承し、生物の多様性を維持する。

そして、「持続可能な開発」の背景には、いくつかの倫理観が働いている。

◇「持続可能な開発目標（SDGs）」の「5p」（2015年国連サミット）
2030アジェンダの冒頭で掲げた持続可能な開発のキーワード

> ・人間（People）　・地球（Planet）　・繁栄（Prosperity）
> ・平和（Peace）　・連帯（Partnership）

◇3つの倫理観[4]

> 1. 世代間倫理：「現在生きている世代がいい思いをして、後の世代が非常に困るようなことをしてはいけない」という倫理観
> 2. 全ての人類が地球環境や資源から豊かさを平等に享受する権利があるという考え方：地球環境問題をもたらしてきたのも、そこから豊かさを享受してきたのも、一部の先進国だけなのに、その被害を受けるのは全人類であることへの批判から生まれてきた国際的な倫理観
> 3. 種の多様性：日本人が感じる「自然の豊かさ」を定量的に捉えらえた別名と考えれば分かりやすい。人類の生存には「豊かな自然」が大切であることを改めて認識し普遍化した倫理感

---

[4] 加藤尚武が提示した環境倫理学の3つの主張（自然の生存権、世代間倫理、地球全体主義；『環境倫理学のすすめ』丸善, 1991年）に対応するものとして、著者なりに表現した。

◇「持続可能な開発」「持続可能な社会」を実現する課題

この課題は、その理念や条件を満たす具体的な姿を1つ1つ創造的に生み出し、工夫し、実現していく課題だ。

あらゆる問題と同様に、具体的に解決に動く人々がいて、具体的な活動があるから問題解決していく。漠然と「地球環境問題」を知っているだけでは、決して解決しない。また、地球環境問題は社会全体で取り組まねば解決するものでもない。

私たちは地球環境問題の当事者として、何をすべきか、どうすべきかを考え、議論し、行動することが求められている。その中で、技術者などそれぞれの専門家にも、その専門分野から発信し行動できることがあるだろう。

Q13.2 地球環境問題に属する問題を具体的に取り上げて、持続可能にするための条件を指摘し、そのようにするために必要な行動や、社会がその方向に向かうために必要なことについて指摘しよう。

## 13.4 科学・技術の進歩によるリスク

### 13.4.1 先端科学・技術の倫理問題

倫理学者の加藤尚武は、現代科学技術が次の3つの自己同一性を破壊したと指摘している[5]。

① 核技術：原子の自己同一性破壊
② 遺伝子技術：種の自己同一性破壊
③ 精神神経技術：人格の自己同一性破壊

これらの破壊は、自然界では普通には起こらないから、それが自然環境や生物、生態系、人や社会に対してどのような影響を及ぼすか、不確実性が高い。そしてあらゆる新技術と同様、実際に実現してみなければ問題かどうかを含め、問題の全体像も明らかにならない。

これまでも、遺伝子組み換え食品の安全性、臓器移植のための脳死認定の是

---

5 加藤尚武著『技術と人間の倫理』NHKライブラリー、1996年に基づく。

非、遺伝子出生前検査による出産選択、代理母出産や精子バンクの問題、またドーピングなどによる運動選手の肉体改造や能力増大の問題など、様々な倫理問題が扱われてきた。近年ではクローン技術の人間への適用や、万能細胞による再生医療における問題などにも議論がある。

先端科学・技術には、これまでに無かったモノを実際に生み出してしまうことで倫理問題が生じるだけでなく、人類がその手段を手に入れること自体が倫理的に問題になることもある。クローン技術の人間への適用の問題は、後者の面が強いだろう。

### 13.4.2　事前検証

これから行うことに対しては、事前検証が大切だ。先端的な科学・技術の研究や実践においても、次のような検証活動の必要性を勘案し実施することになる。

#### ◇倫理審査

医療における患者やドナー（臓器提供者）の保護、研究における被験者の保護、実験動物を無駄にしないこと、あるいは実験や医療行為そのものの是非を審査することが求められる場合がある。これらは各業界や文部科学省等の行政機関が定めるガイドラインや法令で定められている。

該当する場合には、それぞれの定めに従い、適切に審査を受けなければならない。

Q13.3　倫理審査を必要とする行為にはどのようなものがあるか。また、それに類する行為で倫理審査の必要がない行為にはどのようなものが指定され、その要不要の判断基準がどのように定められているか調べてみよう。

#### ◇ELSI（倫理的法的社会的問題）研究

ELSI（Ethical, Legal and Social Implications）研究は、1990年にアメリカで始まった「ヒトゲノム計画」のなかで登場した。ヒトゲノム計画とは、人間の遺伝情報すべてを解読する研究計画である。ヒトゲノムを明らかにすることは、医師や患者に留まらず、全ての人に関わり、社会全体に影響が及ぶと思

われた。そのため、一般市民・政策立案者・企業などを含めた多様な観点から、医科学研究者だけではなく哲学者や法学者、社会学者、倫理学者など幅広い学問領域からの参加を得てELSI研究が並行的に行われた。

ヒトゲノム計画以降、社会的倫理的に影響の大きい研究には、ELSI研究が学際的・領域横断的に、同時並行で行われるようになっている。

> Q13.4 ELSI研究が並行的に進められた、ヒトゲノム計画以降の研究にどのようなものがあるか、調べてみよう。

## 13.5 リスク社会

本章で取り上げてきたことの全てが、複合的に作用して複雑なリスクになっているのが現代のリスク社会だ。

例えば、2014年にアフリカで発生したエボラ出血熱の感染拡大は、交通の高速化・グローバル化によって、あわや大陸を超えた感染に拡大する寸前になっていた。

リスク社会は、不確実性の増大とリスク量の増大に加え、リスクの国際化、リスクの情報化、情報リスクの拡大した社会であり、そのためリスク管理が社会的な課題になっている社会だ。

そのようなリスクに対しては、どの個別分野の専門家や分業者でも、単独で対処することはできない。それは政治的な指導者も同じだ。そのようなリスクに対しては、様々な分野の専門家が積極的にコミュニケーションを取り、相互連携を深め、互いに協力して組織的に対処することが求められる。

◆第14章に向けた個人課題◆

情報化社会、ネット社会になったことで、社会に加わった新たなリスクにはどのようなものがあるか、いくつか挙げ、それがどのようなリスクかを述べてみよう。

# 第14章 情報の価値、高度情報化社会

> ☆グループワーク
> 本章は、14.2〜14.4節のいずれかを重点に取り組めばよい。
> 取り組んだ節のQ14.Xについて議論しよう。

## 14.1 高度情報化社会

### 14.1.1 社会の情報化

高度情報化社会の歴史はそれほど古くない。インターネットが普及したのは1990年代、最初のスマートフォン（iPhone）が2007年だ。

それが、「インスタ映え」が事業に影響し、「ポケモン・ゴー」が社会現象になり、通信販売などのネットを介した取引が一般化するなど、社会に大きな影響を与えるようになった。また、クラウドやビッグデータの活用、AIの進化によって、人の能力をはるかに超えた情報データ活用が可能になり、それが自動運転技術に生かされたり、家庭の機器をコントロールしたりするなど、情報生活だけでなく普段の生活も変えつつある。

この情報化がもたらした変化は、本質的にはとても素晴らしいものだ。今やスマートフォンやタブレットなどの携帯端末を通じて、世界中の人々が直接つながり得る世の中になっている。そして個人が情報発信することによって、地球の裏側まで世界中の出来事が同時に情報共有できるようになった。「世界は一つ」が情報化によって現実のものとなりつつある。

更に、このような情報化が進まなければ、人類は地球環境問題のような全地球的な問題を認識することもできず、せいぜいそれぞれの地点でそれぞれに異変を感じていたに過ぎなかった。これも、情報化の恩恵だ。

## 14.1.2　情報に左右される生活

今や情報は、人工物と同様、それなくしてうまく生きていけないほど不可欠になっている。

例えば、天気予報、災害時の予報、注意報、警報、特別警報などは、生活や行動を決める上で大切な情報になっている。また、渋滞情報や公共交通機関の運行情報なども、移動の際には特に重要だ。

そしてこのような情報化社会だからこそ、情報発信が真実でなければ、社会をいたずらに混乱させることになる。

例えば、2014年4月14日に発生した熊本地震では、「動物園からライオン放たれた」というデマが発信され、発信者が逮捕されている。また、2018年6月18日に発生した大阪北部地震では、「シマウマ脱走」や実際には無かった電車の脱線がデマ発信された。

### ☆ 真実性

私たちは、情報化社会以前から、既に情報に頼って生きている。そのうち一番信頼のおける情報は、自分の五感（視覚，聴覚，触覚，味覚，嗅覚）で確認した"生の情報"、三現主義で確認した事実だ。しかし、個人が全ての情報を三現主義で確認することはできない。特に専門家の発信する情報は、専門家でなければ知ることのできない情報だから、他の人々はそれを信じるしかない。

専門家が専門家として報告、説明、発表など情報発信するとき、その内容は客観的でかつ事実に基づいた情報を用いて行うことが求められる。この専門家の義務は多くの専門職の倫理綱領に盛り込まれており、「真実性確保の義務」や「真実性原則」と呼ばれている。

高度情報化社会は、単に通信が高速かつ自由になっただけでなく、他者の情報への依存度が極度に高まった社会でもある。その中で専門家が真実（すなわち、その人が思い込んでいるだけの主観的事実ではなく、客観的事実があり、またそこから正しく導き出された情報）を発信することが、益々重要になっている。

## 14.2 知的財産権の変化

### 14.2.1 知的財産権[6]

普通の財産であれば、自分の物と他人の物とを容易に区別できる。しかし、知的財産になると、生み出した人がいる一方、公共的に利用することができて初めてその価値が発揮されるため、生み出した人のモノなのか公共的に自由に利用してよいモノなのか、その境界がいつも問われることになる。

その権利関係を定めるのが知的財産権制度だ。知的財産権制度とは、「人間の幅広い知的創造活動の成果について、その創作者に一定期間の権利保護を与えるように」するもので、そのことによって「新たな知的財産の創造及びその効果的な活用による付加価値の創出」し、また「信用を維持」することによって、社会に有益になることを目的にしている。

知的財産権は大きく3つに分けられる（図14.1参照）。

1つ目は、特許庁が管理するものであり、届け出て認められることによって権利が発生する産業財産権。

2つ目は、著作物を創造した時点で自然に発生する著作権。

3つ目は、それ以外の知的財産権。回路配置利用権、種苗法の育成者権、不

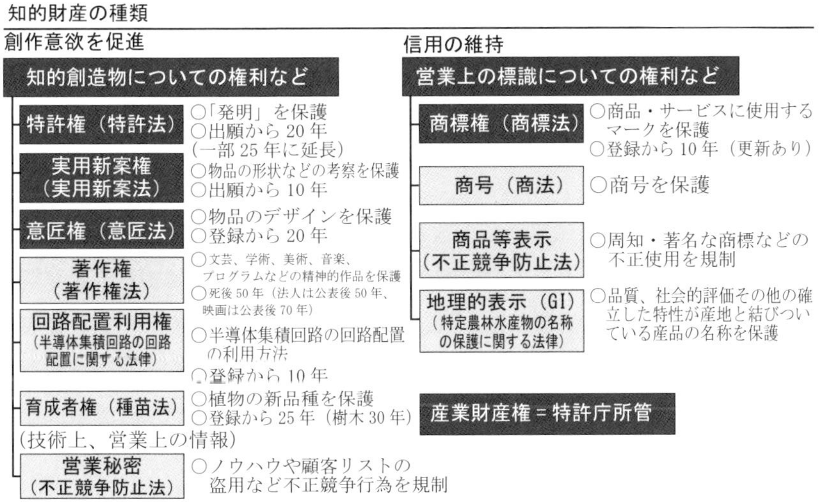

**知的財産の種類**

| 創作意欲を促進 | | 信用の維持 | |
|---|---|---|---|
| **知的創造物についての権利など** | | **営業上の標識についての権利など** | |
| 特許権（特許法） | ○「発明」を保護 ○出願から20年（一部25年に延長） | 商標権（商標法） | ○商品・サービスに使用するマークを保護 ○登録から10年（更新あり） |
| 実用新案権（実用新案法） | ○物品の形状などの考案を保護 ○出願から10年 | 商号（商法） | ○商号を保護 |
| 意匠権（意匠法） | ○物品のデザインを保護 ○登録から20年 | 商品等表示（不正競争防止法） | ○周知・著名な商標などの不正使用を規制 |
| 著作権（著作権法） | ○文芸、学術、美術、音楽、プログラムなどの精神的作品を保護 ○死後50年（法人は公表後50年、映画は公表後70年） | 地理的表示（GI）（特定農林水産物の名称の保護に関する法律） | ○品質、社会的評価その他の確立した特性が産地と結びついている産品の名称を保護 |
| 回路配置利用権（半導体集積回路の回路配置に関する法律） | ○半導体集積回路の回路配置の利用方法 ○登録から10年 | 産業財産権＝特許庁所管 | |
| 育成者権（種苗法） | ○植物の新品種を保護 ○登録から25年（樹木30年） | | |
| （技術上、営業上の情報） 営業秘密（不正競争防止法） | ○ノウハウや顧客リストの盗用など不正競争行為を規制 | | |

（特許庁「知的財産権制度の概要」ページより）

図14.1 知的財産の種類

---

6 特許庁「知的財産権制度の概要」ページ（https://www.jpo.go.jp/）、および「知的財産基本法」に基づく。

正競争防止法の営業秘密などである。

### 14.2.2 デジタル・ネットワーク化に伴う問題

情報化社会（デジタル・ネットワーク社会）になるまでは、知的財産は有形のモノやその場限りの活動が多かったから、創作者の権利の範囲も容易に明確にできた。しかしデジタル化が進むと次のような困難[7]が発生した。

① 全ての情報がデジタル化し、またし得ることから、知的財産もデジタル情報という形の単一の創作物になった。
② 完全コピーが容易なため、創作者等の権利侵害が容易かつ大規模に行われる可能性が高くなった。
③ 情報の編集・加工も容易なため、創作者を特定し権利を保護する上での難しさが増している。
④ インターネット上で瞬時に拡散することにより、創作の独創性が広く全世界の創作との比較によって図られるなど、創作の認定の難しさも生じている。

### 14.2.3 産業財産権

特許権や実用新案権については、特に発明者や考案者による持ち出しなど、企業の権利侵害の問題が今も稀に報じられる。職務発明に関するこれらの権利は、発明者とその所属組織との間で、利益の分配方法を取り決めるしかない問題である（特許法第35条）。

> Q14.1　2004年の特許法第35条の改正によって、上述の利益の分配方法の取り決めや、前提として職務発明が基本的に発明者に属することが明確にされた。その背景には、後に青色発光ダイオードでノーベル賞を受賞することになる中村修二氏が元勤務先を相手に起こした特許裁判が影響している。特許法第35条の改正点とともに、そこにこの裁判がどのように影響したか調べてみよう。

---

[7] 著作権情報センターホームページ（http://www.cric.or.jp）及び、同ページで公開されている半田正夫『デジタル・ネットワーク社会と著作権』（2016年改訂）を参考に、知的財産権一般にあてはまるように、著者なりに表現を見直した。

◇知的労働の価値評価を高めること

産業財産権は、申請し登録することによって権利が明確になる。そのためデジタル化による影響は少なく、問題もその面で古典的ではある。

一方、労働時間比例でモノやサービスの売上や利益に結び付け易い通常の労働と異なり、知的労働の価値は捉えにくい。そのため特に日本では、「アイディアはタダ」のように考えられがちで、得られる価値に対して知的労働やその成果が低く評価されがちだ。

知的労働の社会的価値を高めることは、高等な専門職業者の社会的地位を正当に扱うことでもある。そのような社会にしていく課題意識をこれからの専門職は持つべきであろう。

### 14.2.4 営業秘密

全ての組織には、私的活動と公的活動の2つの側面がある。公的には当然情報をオープンにすることが望まれるが、それは私的な活動に及ばない。そこには個人情報などの私的な情報も含まれるし、特に企業は市場競争しているので、全てオープンにはできないことも多い。そのため、営業秘密は「不正競争防止法」で次のように守られている。

「『営業秘密』とは、秘密として管理されている生産方法、販売方法その他の事業活動に有用な技術上または営業上の情報であって、公然と知られていないもの」である(同法第2条)。

そして、この法律21条で、秘密情報の漏洩などに関わった全ての関係者に対する罰を「10年以下の懲役若しくは2千万円以下の罰金」と定めている。

営業秘密の守秘義務は、技術士法（第45条）のような専門職の法律だけでなく、地方公務員法（第34条）や国家公務員法（第100条）などによっても、「職務上知り得た秘密を漏らしてはならない。その職を退いた後も、同様とする。」と定められている。

現在は、個人がインターネットやSNSを通じて気軽に発信できる世の中だが、営業秘密は厳に守られねばならない。

Q14.2　内部告発は営業秘密の漏洩に他ならない。ではなぜ内部告発者は公益通報者保護法で守られるのだろうか。また、公益通報者保護法で、内部告発のレベルを3つ定め、それらを適用する条件を定めているのは

どうしてだろうか。それぞれ理由を考えよう。

### 14.2.5 著作権

著作権は、デジタル・ネットワーク社会で特に身近な問題になっている。著作物とは、「思想又は感情を創作的に表現したものであつて、文芸、学術、美術又は音楽の範囲に属するもの」であり（著作権法第2条の一）、言語、音楽、絵画、建築、図形、映画、写真、コンピュータプログラムなどの表現形式によって自らの思想・感情を創作的に表現したもの全てが該当する。

インターネットに上がっている全ての文章、画像、動画には著作権がある。それを無断で転載したり、コピーを配信したりすれば、基本的には著作権違反になる。

著作権には、譲渡不可能な著作者人格権（誰の創作物かを示す、著作者個人に属する権利）と、譲渡可能な財産権としての著作権（著作物の使用を許諾する権利）の2つがあり、加えて著作物を演じたり録音したり放送したりといった権利（著作隣接権）もある。

他人の著作物を使用するには、基本的には著作権者から許諾を得なければならないが、私的使用や教育用途など、例外が認められている用途もある。それでも著作者人格権は守らねばならないから、引用元の明示などが必要だ。

また著作権違反は、侵害行為の差止、損害賠償、不当利得の返還、名誉回復措置など民事上の請求の対象になる他、親告罪ではあるが10年以下の懲役又は1000万円以下の罰金の刑事罰も設定されている。

Q14.3　インターネット，SNSで注意すべき著作権違反について、調べてみよう。

## 14.3　個人情報保護

### 14.3.1　積極的プライバシー権

「のぞき見されない」権利や「干渉されず放置されている」権利は、プライバシー権と呼ばれてきた。これらは今も重要な権利だが、高度情報化社会では新しいプライバシー権が必要になっている。それが自己情報コントロール権、

表14.1 OECDの「プライバシー8原則」

① 収集制限の原則：個人データの収集には制限を設けるべきであり、いかなる個人データも、適法かつ公正な手段によって、かつ適当な場合には、データ主体に知らしめ又は同意を得た上で、収集されるべきである。
② データ内容の原則：個人データは、その利用目的に沿ったものであるべきであり、かつ利用目的に必要な範囲内で正確、完全であり最新なものに保たれなければならない。
③ 目的明確化の原則：個人データの収集目的は、収集時よりも遅くない時点において明確化されなければならず、その後のデータの利用は、当該収集目的の達成又は当該収集目的に矛盾しないでかつ、目的の変更毎に明確化された他の目的の達成に限定されるべきである。
④ 利用制限の原則：個人データは、第9条により明確化された目的以外の目的のために開示利用その他の使用に供されるべきではないが、次の場合はこの限りではない。
 (a) データ主体の同意がある場合、又は、 (b) 法律の規定による場合
⑤ 安全保護の原則：個人データは、その紛失もしくは不当なアクセス、破壊、使用、修正、開示等の危険に対し、合理的な安全保護措置により保護されなければならない。
⑥ 公開の原則：個人データに係わる開発、運用及び政策については、一般的な公開の政策が取られなければならない。個人データの存在、性質及びその主要な利用目的とともにデータ管理者の識別、通常の住所をはっきりさせるための手段が容易に利用できなければならない。
⑦ 個人参加の原則：個人は次の権利を有する。
 (a) データ管理者が自己に関するデータを有しているか否かについて、データ管理者又はその他の者から確認を得ること
 (b) 自己に関するデータを、(i) 合理的な期間内に、(ii) もし必要なら、過度にならない費用で、(iii) 合理的な方法で、かつ、(iv) 自己に分かりやすい形で、自己に知らしめられること。
 (c) 上記 (a) 及び (b) の要求が拒否された場合には、その理由が与えられること、及びそのような拒否に対して異議を申立てることができること。
 (d) 自己に関するデータに対して異議を申し立てること、及びその異議が認められた場合にはそのデータを消去、修正、完全化、補正させること。
⑧ 責任の原則：データ管理者は、上記の諸原則を実施するための措置に従う責任を有する。

(出典：外務省ホームページ)

すなわち、ネットワーク上の自分の情報や他者に収集された自分の情報をコントロールする権利だ。前者を古典的プライバシー権と呼ぶのに対して、後者を積極的プライバシー権と呼ぶ。この権利は、1980年にOECD理事会が勧告した「プライバシー8原則」によって明らかにされた（表14.1）。

人は第三者の情報に依存して様々な判断を行うようになったが、それは人の評価についても同じである。

例えば、新規雇用の際に、応募者の情報をインターネットで確認するのは、現在では普通に行われているだろう。その時、もし応募者の情報が実際の本人の知らないところで作られたり変更されたりしていたらどうだろう。実際、同姓同名の他人の情報と勘違いされ、不利益を被るような事例も報告されている。それと同じことが起こることになるだろう。

このようなことが無いように、自分の情報をコントロールする権利が認められた。この権利は、日本でも2003年に制定された「個人情報保護法」によって認められている。

### 14.3.2　忘れられる権利[8]

ホームページ上などに各種の個人情報が永年消えずに残るようになったことから、「適切な期間を経た後、これを削除したり消滅させたりできる権利」という考えが現れた。プライバシー権は、私生活など個人的な事柄をみだりに公開されないことを保障する権利だが、情報も公開期限が設けられるべきだとする主張だ。

例えば、これまでなら、その時々の事件をニュースで流すのは「報道の自由」だが、報道後に長い年月が経過すれば、事件関係者についての詳細な情報は「忘れられる」と共に、散逸しほぼ消え去るのが一般的だった。ところが、インターネットの発達と社会への浸透により、一旦ホームページ上に記録されると、その情報は消え去ることなく、永年にわたって衆目にさらされ続けるようになった。特に検索エンジンは、極めて古い情報でも掘り起こしてしまう。

こうした社会環境の変化により、記録に留められるべき条件を持たない過去の個人にまつわる情報を抹消する権利として「忘れられる権利」が提唱され

---

8　次の文献から簡略化し修正して引用した。金谷俊秀「忘れられる権利」（朝日新聞出版『知恵蔵』2014年版）

た。
　EU議会は各国の国内法によらず直接効力を有する「EUデータ保護規則」改正案を2014年に可決し、「忘れられる権利」を明文化した。

## 14.4　インターネットによる人の繋がり方の変化の問題

### 14.4.1　平等な人間関係構築への期待

　インターネットは人の顔が見えないが、それは決して悪いことばかりではない。世の中には実に様々な人々がいるが、インターネット上ではその違いがほとんどすべて消されるから、一人の人間として対等にかかわりあえる。その意味でインターネットは平等な空間になり得る要素を多分に持っている。

　実際、それまでは社会との接点が持ち難かった障害者や寝たきりの病人が、ネットを通じて普通に世の中に発信し応答するようになってきた。また、民族や人種を超えて、世界中の人々が瞬時にかつ広範に繋がるようにもなっている。

　このような可能性は、世界人権宣言によって理念が確立した、誰もが平等に基本的人権の尊重される社会や世界が、現実に実現し完成する可能性を高めるものでもある（巻末資料「世界人権宣言」参照）。

### 14.4.2　ネット上の集団思考

　「類は友を呼ぶ」。ネット上でも、同じような考え方を持つ者が集まりやすい。そのような仲間うちでは、客観的な事実に基づく真実よりも、「皆同じように言っている」ことに安心感を覚えてしまう集団思考に陥りがちだ。それが反ってネット上での自由な議論を阻害し、一方的な行動に駆り立てるメカニズムとして働くことにもなる。

◇ネットいじめ[9]

　「ネットいじめ」とは、携帯電話やパソコンを通じて、インターネット上のウェブサイトの掲示版などに、特定の人への悪口や誹謗・中傷を書き込ん

---

9　「いじめから子供を守ろうネットワーク」ホームページ（http://mamoro.org/）を参考にし、多くをここから修正引用した。

だり、メールやSNSで送り付けたりするなどの方法によっていじめを行うものだ。

　いじめは、する側はある種の快感を得られるかもしれないが、される側は苦痛になる。「ネットいじめ」も、最初は一人から一人へのいじめから始まるかもしれないが、それが多数から一人へのいじめに広がると、いじめられる側の苦痛は想像を絶するものになる。

◇ヘイトスピーチ（Hate Speech）

　ヘイトスピーチとは、人種、出身国、民族、宗教、性的指向、性別、容姿、健康（障害）など、自分から主体的に変えることが困難な事柄などに基づいて、差別し排除しようとする個人または集団に対して攻撃、脅迫、侮辱する発言や言動、すなわち差別扇動行為である[10]。

　集団的な「ネットいじめ」である以上に、社会の強者から弱者への攻撃であり社会的を分断する運動であるため、地域や社会に深刻な亀裂を生じさせる。また、社会行動としてエスカレートし、実力行使やヘイトクライム（犯罪）に発展することもある。

　日本では、2016年に「本邦外出身者に対する不当な差別的言動の解消に向けた取組の推進に関する法律」ができた。この法律では、ヘイトスピーチが不当な差別的言動として許されないことを宣言しているが、他方この法律が必要になるほど、日本では不当な差別的言動が無視しえない問題になっている現状も認識しておきたい。

Q14.4　表現の自由を守ることと基本的人権を守ることとは、どのような関係にあるだろうか。ネットいじめやヘイトスピーチを例に、表現の自由が許される境界線を考えてみよう。

---

[10] "Hate Speech" の和訳として「憎悪表現」は正確ではない。単に敵意や憎悪を過激な表現を用いて直接相手に示すだけなら、普通に人間関係の中で起こり得る感情表現の一つだ。問題なのはそのような形ではなく、差別と結びついていることだ。だから、ヘイトスピーチには過激でなくても差別対象を貶めたり憎悪感情を煽ったりする表現全般を含み、あらゆる表現方法が対象になる。また、差別を受ける少数派が差別する多数派に対して用いる反抗的表現は、差別や社会の分断を止めようとする以上、ヘイトスピーチにはあたらない。

## 14.5　情報化社会における専門家の役割

　情報化社会は、三現主義で確認できない情報があふれているが、人々はそれによって何が正しいか、また正しい行動を判断するしかない。そのような中で、専門家の真実に基づく発信は重要な意味を持つ。

　しかし実際には専門家の発信も、素人の発信もデマの発信も、情報ネットワークの中では同じ1つの発信に過ぎない。また誰でも容易に情報を加工できるから、原発信者の真意が途中でゆがめられてしまうこともある。

　そのような中では、専門家にできることにも限りがある。


　高度情報化社会、デジタル・ネットワーク社会は、特に技術面でこれからも加速度的に進歩し、私たちの生活を変えていくだろう。その中で、人々があふれる情報とそのシステムをうまく使いこなせるようになることもまた、これからの重要課題になっていく。

　専門家は、自分の専門領域については三現主義で確認し、5ゲン主義で追究してきた専門家として、確実な発信をすることができる。また、他の領域の発信についても、それが5ゲン主義に基づく発信か、それとも根拠の薄い発信かを判断し見極めることもできるだろう。

　また、情報化社会は、人権に関わる社会関係にも直接的に関係している。あらゆる発信者には、人権意識が求められる時代が来ていると言ってもよいだろう。


　情報化社会において専門家にできることは、三現主義・5ゲン主義を実践する者として、正しい情報発信、正しい情報解釈、正しい人間関係の構築に対して、範となることだ。

　そのためにも、一般的な情報リテラシーを身に着けるとともに、自らがまず三現主義・5ゲン主義を深く身に着け、問題解決に取り組む力を付けていくことが大切だ。

◆第15章に向けた個人課題◆
社会に勇気を持って出ていくためには何が必要か、考えておこう。

**❺ 第Ⅴ部　変化する社会と倫理**

# 第15章 信託される者の倫理

## 15.1 倫理的能力

### 15.1.1 専門職倫理の目的

　「技術者倫理」をはじめとする専門職倫理の科目は、開発が進んで「未開」が無くなった高度科学技術社会・高度情報化社会になり、価値観が多様化し、人と人との関係が激しく変化する中で生まれてきた。この社会は他者の情報や仕事に依存しなければ普通に生活することもできない上に、価値観が多様化し専門職業者への視線も厳しくなったからだ。

　そして、高等教育を修めた者は、多くの場合、高い能力を生かして、専門性が高く広く影響を及ぼす職業に就く。そのため「倫理」科目が設定されるようになった[11]。

　第4章4.2節で「技術者倫理」の目的を、「専門的な学問知識や技術を用いる専門家が、社会や人々に貢献することによって、自らの業務や職業や組織、コミュニティの価値を高めていくことにある」と述べた。また第4章4.3節では、不祥事や事故を予防する「予防倫理」が求められることを学んだ。

　「技術者倫理」が必要になった背景を踏まえるなら、「専門職倫理」は、顧客や雇用主（組織）、同僚、業界などへの配慮だけでなく、その先に公衆や社会、世界の人々への倫理的配慮が必要になったために生まれてきたと考えられる。

---

11　工学部では「技術者倫理」「工学倫理」を開講するのが一般的になっている。ただ、それ以外の学部、例えば経営者を養成するようなカリキュラムでの倫理科目の開講は決して多くないようだ。本書で取り上げた状況は、ほぼ全ての専門的分業者にも該当する。実践的な倫理科目が高等教育の中で普及することを願う。

◇**組織の社会的責任**（SR: Social Responsibility）

国際標準化機構（ISO）は、2001年から企業の社会的責任（CSR：Cooperate Social Responsibility）の規格化の検討を開始し、2010年に企業でない組織にも適用できるものとしてISO26000「社会的責任の手引き」を制定した。その序文の冒頭で、「社会的責任の目的は、持続可能な発展に貢献することである」と述べるとともに、「社会的責任の7つの原則」として次を挙げている。

1) 説明責任、2) 透明性、3) 倫理的な行動、4) ステークホルダーの利害の尊重、5) 法の支配の尊重、6) 国際行動規範の尊重、7) 人権の尊重。

また、現在取り組むべき中核主題として、①組織統治、②人権、③労働慣行、④環境、⑤公正な事業慣行、⑥消費者課題、⑦コミュニティへの参画およびコミュニティの発展の7つを挙げている。

この規格は企業にも適用可能な「手引き」なので、③労働慣行や⑥消費者課題などの特殊な主題も含んでいるが、全体としてはSDGs（第13章13.3）を中核とする2030アジェンダに整合した、組織活動のための「手引き」になっている。

このように、専門職の倫理だけでなく、組織にも公衆、社会、世界に対して、持続可能性への配慮が求められている。

### 15.1.2　倫理的能力とは

では、「専門職倫理」の目的に応えるために必要な能力、倫理的能力とはどのようなものだろうか。

1つの答えは、第2章2.2で述べた「専門的な業務能力」そのものだ。図2.3に示した各能力要素が不足していると、図15.1のような原因で倫理問題を起こし得る。

自律性の不足は"無責任"を引き起こし、専門的な方法構築の能力が劣っていれば"能力不足"となり、問題分析と方法評価の目的合理的な能力が劣っていれば"浅慮"に、エンジニアリング・デザインの試行錯誤を勝手に途中で止めてしまうのは"独断"や"思い込み"であり、コミュニケーション不足は"伝達不良"を起こし、計画的な業務遂行力が劣っていれば、個人としては"未熟"であり、組織としては"管理問題"を引き起こす。

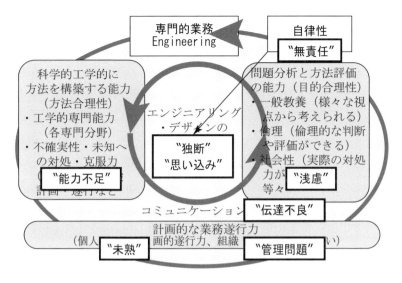

図15.1 専門業務の能力欠如と倫理問題の原因

◇自主的・継続的に学習する能力

高等教育の間に図2.3（第2章2.2）で指摘した項目を一通り学んでおくことによって、社会に出て実際の業務に就いた後に、実践の中でのOJTや意識的なOff-JTによって、専門能力を自分の力で高めていくことができるようになる。

その原動力になるのが、実践であり、他者の評価や現実から反省する潔さであり（図4.1）、5ゲン主義による探究（図3.5）だ。

そのような、自主的・継続的に学習する能力も、高等教育の間に、自己探求などによって身に着けたい。

## 15.1.3 仕事の調整力

第2章 図2.3および15.1.2項で述べた能力は、まだ倫理的に振る舞えるようになるための1つの答えでしかない。これらは、専門的職業者として必要なことや足りないことについて、自分で気づき改善するのに必要な素養だが、それだけで倫理的に振る舞えるわけでもない。

このような素養は、経験を積んだベテランの方が持っているはずだが、実際には長年月の経験者の中にも、今にも倫理的配慮に欠いたことをしそうな人がいる。その一方で、ほとんど新人で経験の浅い技術者でも、倫理問題を起こさ

なさそうな堅実な人もいる。

　人は無知を残したまま社会に出るが（第1章1.6）、それは新しい仕事なら誰のどんな仕事でも同じだ。仕事で果たすべき役割を全うするには、知識や能力、経験の足りない部分を適切に補うことができなければならない。新人でもそれができれば倫理問題を起こさないだろうし、ベテランでも、仕事の役割と必要な能力、それに自分にできることを正しく見積もれなかったり、無理に自分の力だけで仕事を完遂しようとすれば、倫理的配慮を欠いてしまう。

　仕事に対して他人の力も借りて自分の役割をまっとうするには、まず
① 直面している現実の問題状況に正しく向き合い、場や条件を見極め、問題を正しく理解し、利用可能な資源を使って解決する筋道を明確にして確実に解決しようとする姿勢。
② 問題解決のために自らの知識不足や未経験のためによくわからない部分を自覚し、適切に他者の助力を得て解決しようとする姿勢。
③ 他人に役割の一部を頼んだり、助力や協力を取り付けたりする調整力
が必要だ（図15.2）。

### ◇進路上の悩みと倫理

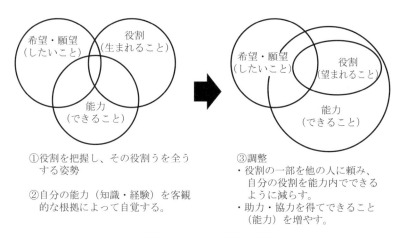

図15.2　自分の仕事の調整

　社会人になっても進路の問題に悩むことは多い。進路上の悩みは、図15.2に示す3つの要素：希望や願望などの自分の感情、望まれる役割、自分の能力、の間で起こる。この3つが十分に重なることは少ないが、もし重なれば天職

だ。

　ただ、倫理的かどうかには、希望や願望は関係が薄い。能力との関係で役割（望まれないことをしないことを含む）を十分にまっとうできれば倫理的だと言える。そこに希望や願望などの感情が良い方に作用すればよいが、見栄やプライドなどが悪い方向に作用することもある。

### 15.1.4　専門家の能力限界

　高等な専門教育を受けた者は、素人から意見を聞いて学ぶことに抵抗を感じるかもしれない。しかし、高等な専門教育はあくまで汎用的な知識やスキルを学んでいるに過ぎないことを理解する必要がある。そして5ゲン主義で探究した範囲やレベルの問題だけが、その人が具体的に解決できる専門的な領域になる。いわば"土地勘"のある問題領域が専門範囲と言える。汎用的な知識も、それを適用する場に関する知識＝"土地勘"が無ければ、うまく適用することはできない。

　例えば、モノを作る技術者も、そのモノを使う側のことまで全て知ることができないから、「顧客満足度調査」によって使い勝手を教えてもらう必要がある。

◇ローカルナレッジ

　"汎用的・一般的"に対する"個別的・特殊的"な知識の意味での、"問題理解"や"問題解決"などの問題状況の側の知識＝"土地勘"を指してローカルナレッジと呼ぶ。中でも、非専門家の暗黙的にローカルに共有された知識がローカルナレッジとして重視される。

　例えば、医師が診察や治療に関する専門的な知識や技能を持っているのに対し、患者には自分の生活や生活環境、自分の人生に対して、他者には無いローカルナレッジを持っている。また例えば、災害の被災者たちは、自分たちの生活や環境を復興する上で何が大切かを最も理解しえる立場にあり、そのようなローカルナレッジを持っている。

　このように、「ローカルナレッジ」という言葉は、専門家だけの判断で進めることを戒め、インフォームドコンセントなど当事者の自己決定権を強調する文脈で使われることが多い。（図15.3）

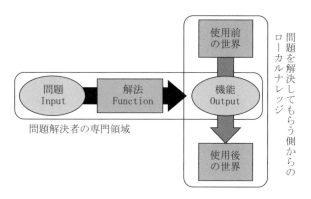

図15.3　技術者(問題解決者)の専門性限界

### ◇ "解釈できる範囲" ≠ 専門分野

汎用的な知識は、専門以外の分野のことでも、多少の思い当たる情報がありさえすれば、自己流に勝手に問題状況を設定して"解釈"を加えることはできる。しかし、それは【事例3.1】チャレンジャー号事故の会社経営者による打上げ判断と同じだ。実態を三現主義や信頼できる情報によって確認せずに行う判断は、素人判断にならざるを得ない。

汎用的な知識を机上で身に着けただけの者、三現主義が身についていない者は、少しの情報だけで分かった気になり易い。そのことに気づき、自分に足りない知識や能力に気づくためにも、5ゲン主義で実際に問題解決するエンジニアリング・デザインを経験することが大切だ。

> Q15.1　様々な専門家や素人の人を挙げ、それぞれどのようなローカルナレッジを持っているか、そしてどのような専門性を持っているかを指摘しよう。

### 15.1.5　異分野との協力協働

組織活動もそうだが、現代の複雑化し多様化した社会では問題も複雑になり、1つの専門分野だけで解決できない問題が多くなっている。そのような問題状況に対しては、他の専門家と協力して問題解決に当たることが求められる。

だが、各専門分野からのアプローチや問題の捉え方にはそれぞれ特徴があり、同じではないために衝突することもある。そのような場合にも、問題状況

を分析することによって、原理的・原則的に協力方法を見出す努力が必要になる。その方法は、組織活動での協力協働と基本的には同じだから、チームワーク実践が大事になる。

## 15.2　安心と信頼のために

### 15.2.1　専門職倫理の社会目的

専門的な職業者に倫理が求められるのは、様々な専門職業者に依存せざるを得ない社会が、安心して専門職業者に業務を任せられるようにするためである。逆に、専門職業者にとっても、社会から信頼を得ることは、その能力を社会のために役立てて自己実現を図るための条件になる。

#### ◇人や組織へ信頼

信用や信頼を失うのは一瞬であり、簡単だ。しかし、それらを回復するのは長い時間と困難を要する。どのようなミスや不祥事、事故も、最終的にその人物や組織が起こしたことにほかならず、その人や組織が本当に変わったかどうかは、外からは分からないからだ（図15.4）。

### 15.2.2　倫理性の諸テスト

ある行為や結果が倫理的かどうか、またそれを通じてその人や組織が倫理的かどうかは、あくまで他人が判断することだ。しかし、それを事前にチェック

図15.4　倫理性を見る3つの門[12]

---

12　図4.1参照。「美」は徳倫理、「善」はカントの義務論、「真」は「功利主義」との関係が深い。

するテストが様々に考え出されている。そのうち4つを次に紹介する[13]。

## (1) TI（テキサス・インスツルメンツ）社のエシックス・テスト[14]

> 「それ」は法律に触れないだろうか。
> 「それ」はTIの価値基準にあっているだろうか。
> 「それ」をするとよくないと感じないだろうか。
> 「それ」が新聞にのったらどう映るだろうか。
> 「それ」を正しくないとわかっているのにやっていないだろうか。
>  確信がもてないときは質問をしてください。
>  納得のいく答えが得られるまで質問をしてください。

## (2) PLUS（米国の倫理情報センター）[15]

> Policy（方針）：その行為は、組織の方針や手順、ガイドラインと矛盾しないか。
> Legal（法律・規則）：その行為は、関連する法律や規則に抵触しないか。
> Universal（包括的原則／価値）：その行為は、組織が定めた包括的な原則／価値に合致しているか。
> Self（自己の価値観）：その行為は、自分の価値観（正，善，公平など）に合っているか。

---

13 札野順『技術者倫理』放送大学教材、2004年年 pp.135-137 に基づき(1)〜(4)を引用

14 グローバル企業である同社は、世界11ヶ国語で「TIの価値と倫理」という倫理綱領を策定している。また1987年には専任のスタッフを置いてエシックス・プログラムを運営している。全ての社員は倫理綱領などが書かれたカードを常に携帯することが義務付けられており、そこには次のようなエシックス・テストが記されていて、倫理的な問題に直面し判断に迷ったらそれでテストすることになっている。

15 アメリカで企業倫理関連の活動を展開している倫理情報センター（the Ethics Resource Center）が推奨している倫理的意思決定のためのフィルター。

### (3) ビジネス上の意思決定のための倫理テスト[16]

> Transparency（透明性）：自分が決めたことを他の人に知られても気にならないか。
> Effect（利害）：その決定により誰が利益（または害）を得るか。
> Fairness（公平）：その決定は、影響を受ける人たちから公平と考えられるか。

### (4) セブン・ステップ・ガイド（Seven-step Guide）の採用する基準[17]

> Harm Test（危害テスト）：この行動は他のものよりももたらす危害が少ないか。
> Publicity Test（世間体テスト）：私がこの行動を取ったことが新聞で報道されたらどうなるか。
> Defensibility test（自己防衛可能性テスト）：自分の意思決定を、公聴会や公的委員会で弁明できるか。
> Reversibility Test（可逆性テスト）：自分がその行為によって悪影響を受ける立場であったとしても、自分はその決定を支持するか。
> Colleague Test（同僚による評価テスト）：その行為を解決策であるとして同僚に説明した場合、同僚はどのように考えるか。
> Professional Test（専門家団体によるテスト）：自分が所属する専門家協会の理事会あるいは倫理担当部門は、その行為をどう考えるだろうか。
> Organization Test（所属組織による評価テスト）：会社の倫理担当部署あるいは顧問弁護士は、その行為をどう考えるだろうか。

---

16 イギリスで企業倫理推進活動をしている企業倫理研究所（the Institute of Business Ethics）が提唱する倫理テスト。"Simple ethical tests for a business decision"
17 イリノイ工科大学のマイケル＝デイビス教授が整理した倫理的問題の解決法で、日本の技術者倫理教育で広く紹介されてきている。ここではそのチェックリストだけ紹介する。

### 15.2.3 倫理綱領

上述(4)の「Professional Test（専門家集団によるテスト）」に当たるのが、各専門家団体が制定している倫理綱領だ。

各専門分野や業務、専門家には、特有の特徴があり、倫理的に気を付けるべき点や価値観がそれぞれ微妙に異なっている。そのため、専門家団体や学会の多くで独自の倫理綱領を整備している。

倫理綱領は、各団体による社会への約束だから、そのメンバーには倫理綱領の順守が求められる。またメンバーは、順守することで説明責任を果たせるような判断や行動ができる。そして実際に説明責任を果たす際に、判断基準として倫理綱領を引用すれば理解されやすいだろう。

そのため、倫理綱領を理解するには、実際に説明責任を果たすことを前提に読み解くと分かりやすい。ここでは代表例として表15.1に技術士倫理綱領を取り上げて、主な点を説明する。

### 15.2.4 信用の保持と利益相反

基本綱領-5「公正かつ誠実な履行」、同-7「欺瞞的な行為、不当な報酬の授受等、信用を失うような行為をしない」ことは、いずれも信用を保持することに直接繋がる規範だ。後者は信用失墜行為を事例で示し、禁止事項を明示しており、前者の「公正かつ誠実な履行」の違反事項の補強になっている。

ただ近年、実際に欺瞞的行為をしているか否かにかかわらず、疑わしいことをしないこともまた大事になっている。その公正性が疑われる状況の代表例が利益相反だ。

利益相反とは、1つの社会的あるいは組織的な役割や業務を信託されている者が、同時にその行為を歪め得る他の私的な関係（主に利害関係）を持つことで、役割や業務の公正性に疑問が持たれるような状況を生み出していること、または実際に公正性を損ねる状態にあることだ。

このような利益相反関係は、不可避的に陥る場合もあるから、完全には排除できない（例えば、ある企業のトップが業界団体のトップを務めるなどの場合だ）。

そのような利益相反関係にある場合、公正性をルールや手続きなど別の方法で担保できるようにする。またその方法や実際の手続きを開示することによって、関係者が公正性をチェックできるようにすることが大切だ。

## 表 15.1　日本技術士会　技術士倫理綱領

(昭和 36 年 3 月 14 日理事会制定，平成 11 年 3 月 9 日理事会変更，平成 23 年 3 月 17 日理事会変更)

> 【前文】　技術士は、科学技術が社会や環境に重大な影響を与えることを十分に認識し、業務の履行を通して持続可能な社会の実現に貢献する。技術士は、その使命を全うするため、技術士としての品位の向上に努め、技術の研鑚に励み、国際的な視野に立ってこの倫理綱領を遵守し、公正・誠実に行動する。
> 
> 【基本綱領】
> (公衆の利益の優先)
> 　1. 技術士は、公衆の安全、健康及び福利を最優先に考慮する。
> (持続可能性の確保)
> 　2. 技術士は、地球環境の保全等、将来世代にわたる社会の持続可能性の確保に努める。
> (有能性の重視)
> 　3. 技術士は、自分の力量が及ぶ範囲の業務を行い、確信のない業務には携わらない。
> (真実性の確保)
> 　4. 技術士は、報告、説明又は発表を、客観的でかつ事実に基づいた情報を用いて行う。
> (公正かつ誠実な履行)
> 　5. 技術士は、公正な分析と判断に基づき、託された業務を誠実に履行する。
> (秘密の保持)
> 　6. 技術士は、業務上知り得た秘密を、正当な理由がなく他に漏らしたり、転用したりしない。
> (信用の保持)
> 　7. 技術士は、品位を保持し、欺瞞的な行為、不当な報酬の授受等、信用を失うような行為をしない。
> (相互の協力)
> 　8. 技術士は、相互に信頼し、相手の立場を尊重して協力するように努める。
> (法規の遵守等)
> 　9. 技術士は、業務の対象となる地域の法規を遵守し、文化的価値を尊重する。
> (継続研鑚)
> 　10. 技術士は、常に専門技術の力量並びに技術と社会が接する領域の知識を高めるとともに、人材育成に努める。

▷前文：専門業務の役割や目的など、大切にすべき価値などの大枠が述べられる。この前文の内容を順守していることを、基本綱領以下で論証して正当化することになる。

▷公衆優先原則：最優先にしなければならない価値。全ての業務は公衆の福利（社会や誰かに役立つこと）のために行うものであり、自己利益を優先しないこと（4 章 4.1）。それ以上に、公衆の安全と健康を最優先に配慮していること（5 章 5.3）。

※最優先以外の項目は、互いに矛盾する場合、公衆優先原則に沿いながら、その時々で適切に軽重を判断することになる。

▷持続可能性の確保：(13 章 13.3)

▷有能性の重視：(15 章 15.1)

▷真実性の確保：(12 章 12.2)、(14 章 14.1)

▷公正かつ誠実な履行：(4 章 4.1) 及び利益相反

▷秘密の保持：(14 章 14.2)

▷信用の保持：(後述)

▷相互の協力：(15 章 15.1)

▷法規の遵守等：(6 章 6.1〜6.3) 他

▷継続研鑚：(15 章 15.1) 他

それでも不十分さが残る場合には、実際に利益相反の状態にあっても業務や役割を公正に遂行し、説明責任を果たせるようにしておくことだ。

### 15.2.5 透明性

実際に安心され信用してもらうためには、何より見えるようにしておくこと、関係者がチェックできる状況の中で業務を遂行することが大切だ。透明性とは、どんな状況で、どのような判断をし、どのように行動し、結果はどうなったかについて、できる範囲で関係者に分かるようにすること。完全な透明性とは、現在進行形で説明責任を果たしていくことに他ならない。

しかし、私的な業務の場合にはすべてを透明にできない場合も多い。それでも必要に応じて開示できる部分を情報開示していくことが、高度情報化社会で安心を与え信用を得るために大切になっている。

透明性は実施側にとっても、チェックを早め、早期是正に役立てることができるメリットがある。透明性の実践的な目的は、安心を与えることより、早期是正の方にあるだろう。

◇記録

学生までは、記録は自分のために取るものだった。しかし研究者を含め社会人にとって記録は、説明責任を果たし、透明性を確保するための証拠であり、事実関係を明らかにするのが一番の目的になる。その記録に基づいて監査し、組織的な行動に問題が無かったか、あればその問題点を明らかにし、必要に応じて改善を図る。

だから記録はとても大切だ。そのため、記録管理も各組織でルールを決めて取り組まれる。

---

☆グループワーク

　Q15.2に取り組もう

---

Q15.2　興味のある学会や団体の倫理綱領（倫理規定など）を調べ、「技術士倫理綱領」と見比べ、どのような違いがあるか指摘し、それがその専門分野のどのような特徴を反映しているかを考察しよう。

## 15.3　信頼を築く

### 15.3.1　責任感と勇気

　倫理性の諸テストでチェックし、倫理綱領で説明責任を果たせるように考え、手続きを万全にしたつもりでも、人の行為に「完全」が無いのは「安全」の場合と同じだ。また、完璧主義で十分に注意して行動を起こす人ほど、失敗した時に慌ててしまうかもしれない。

　倫理的であろうとすれば、誤った方向への誘惑と格闘しなければならない場合もある。そんなときには勇気が必要になるが、その勇気はどのように養えばよいのだろうか。

　この問題を考えるために、まずは勇気をもって自らの間違いを是正した一人の技術者の物語を見ておこう。

**【事例15.1】シティコープ・タワーの危機とルメジャーの行動**[18]

　シティバンク社はニューヨークのマンハッタン中心部に新しい本社ビルの建設を構想した。その計画地の一角はある教会の所有だったが、この教会との間で、教会を本社ビルとは独立の建物として新しく建て替えること、およびその新しい教会の空中権をシティバンクが得ることで合意した。9階分の4本の太い脚柱を建て、その上にビル構造を構築しようというのである。しかしこの教会を建築予定地の隅に置かなくてはならなかったため、4本の脚柱はビル断面の四隅ではなく四辺の真ん中に据えなければならなかった。シティバンク社は、このような特殊構造のビル建設に実績のあった第一級の構造エンジニア、ウィリアム・J・ルメジャーとコンサルタント契約を結んだ。

　ルメジャーはこの難題を、新しく考案した筋かい構造（各面の荷重が面中心の柱に集中するように、柱から両側対称斜め上方に筋かいを入れる構造）を採用し、構造重量を大幅に削減するとともに、屋上に揺れを和らげる同調質量ダンパーを設置して解決した。そして、この変わった構造のシティコープ・タワーは1977年に完成する。

---

18　ウィットベック著 - 札野他訳『技術倫理』みすず書房、2000年に基づく

翌1978年、ルメジャーはシティコープ・タワーの建設に関して2つのことを相次いで知ることになる。

1つ目は5月、筋かい部分を自分の設計どおりに全溶接で接合するのではなく、建築業者が強度と安全性を請け合い、ボルト接合に変更していたことだった。しかしこの変更は技術的に合理的だったので、彼は問題視しなかった。

2つ目は6月、ひとりの学生からの、当時のニューヨークの建築条例で定めが無かった斜め方向からの風の影響を考慮したか？という問いだった。斜め方向からの風では、受ける面積が$\sqrt{2}$倍になり、受けとめる柱の幅も$1/\sqrt{2}$に狭まるから、力学的に厳しくなる。実際計算してみると、何本かの主要構造部材にかかる応力が1.4倍、接合部にかかる応力は2.6倍にもなることが明らかになった。そしてこのような応力の増加に対し、実際に使われたボルトの数はあまりに少ないことが判明した。

ルメジャーはさらに風洞実験の報告を検討し直し、また実際に風洞実験を行った。結果、16年に一度のハリケーンに襲われたとき、もし30階の接合部が外れればビル全体が倒壊することが予想された。

技術的な解決策は容易だった。接合部に鋼板を巻いて溶接すれば、設計時より強度を増した溶接構造にできる。問題はハリケーンの時期までに時間の無いことだった。それまでにこの修理工事を終わらせなければならない。

修理のためには、自らが設計した建物の脆さを公表しなければならない。しかしそのことによって構造エンジニアとしてのキャリアと名声を全て失ってしまうかもしれない。シティバンク社の幹部や市当局や一般市民にどう受け止められるか、彼には予測がつかなかった。

7月31日、彼は建築会社の顧問弁護士と保険会社に連絡し、会議の席ですべてのいきさつを語った。弁護士たちは、高名な構造エンジニアであるレス・ロバートソンを特別顧問に招くことにした。ロバートソンは停電により同調質量ダンパーが働かなくなった場合にはもっと危険になることを指摘した。

ルメジャーはシティバンク社にも連絡を取り、副社長のジョン・リードに今一度詳しく状況を説明した。費用や工事の進め方を問われて、彼は100万ドルあれば十分だろうという見積もりと、修理に当たってはボルト接合部をベニヤ板で覆って小屋を作り、その中で必要な仕事を夜間に行えば、テナントには不

便をかけないで済むと説明した。

　8月2日にはシティバンク社の最高責任者ウォルター・リストンに説明した。リストンは同調質量ダンパーの予備電源の確保や、建物のテナントを含む関係方面への連絡を自ら取り仕切ることに同意した。

　その後、修理工事のエンジニアと修理方法について打ち合せ、同調質量ダンパーのメーカーに装置が確実に作動し続けるようにするための援助を求めた。また気象学の専門家にはハリケーンの到来を警告してもらうよう契約した。

　さらにロバートソンの提案に従い、万が一にそなえて、建物を中心に半径10ブロック圏内の住民の緊急避難計画も立案した。その計画を建築条例に基づいて市当局者に状況説明をしなければならなかった。彼は冷笑的な態度を取られるのではないかと予想していたが、市当局者たちは問題の重大さと即時解決の必要を理解し、避難計画を快く承認し、また力づけてもくれた。

　最後にルメジャーが恐れていたのは、報道機関に知らせたときの扱いだった。最初の新聞発表では、タワーはやや強めの風にも耐えるように改修される、と伝えられた。その後は有力紙によって格好の記事ネタになる可能性もあったが、偶然起こった新聞ストライキのおかげで猶予を得ることができた。

　9月、作業はほぼ完成した。シティバンク社はルメジャーと彼の共同経営者に対し、修理費用として400～800万ドルの弁償を求めてきた。話し合いの結果、最終的にメジャーが加入している保険会社からの200万ドルの支払いを受け取ること、ルメジャーの会社には過失がないこと、そしてこの件を終了することにシティバンク社の役員たちは合意した。また、ルメジャーが加入している保険会社も、彼の取った行動が、保険史上最悪の大損害の1つを防いだという積極面に納得し、保険料を引き下げることにした。

　彼は、誰も予見しなかった問題を発見し、解決のためにただちに適切で効果的な行動をとり、実際に解決した。ルメジャーがシティコープをめぐる状況を巧みに処理した手腕は、並はずれて有能で実直な構造エンジニアであるという彼の名声を更に高めた。

Q15.3　ルメジャーが、自らの名声を失うリスクにもかかわらず、勇気をもって誠実に自らの失敗の処理に取り組むことができたのは、どのような感情から

だろうか。指摘しよう。

### 15.3.2　自信〜信頼を広げていくこと

　勇気は自信がなければ持てないかもしれない。また倫理的な勇気には責任感による裏打ちが必要だろう。そして、人は誰もがひとりだけでは生きていけない（1章1.6）。

　よく日常の学業や生活から「心を鍛える」課題だけを取り出して、別のところで取り組もうとする人がいる。個人的な練習や修行のようなものに求める場合もある。しかしそのような複雑な業務や人間関係の難しさを回避した「努力」では、現実社会で役立つ自信も勇気も責任感も身につくわけがない。

　大切なのは、自分が身近に関係する1人ひとりに対して、その信頼を裏切らないように、また失敗しても信頼を高めていけるように、逃げることなく自らの課題に真摯に取り組んでいくことだろう。またコミュニケーション良くして人間関係を作り、頼み頼まれる協力と協働の実践をしていくことだろう。

　一つひとつの実践は小さいところから始めればよい。また挫折してもそこで考え、踏ん張り、話し合い、そこから再出発すればよい。そうして培った社会の中での実践的な自信と勇気と責任感は、初めは小さくても次第に大きな実践にも耐えうるものになるはずだ。

　なにより、具体的な問題解決をする者だけが、この世の中を良い方向に変えられる。問題解決の陰には必ず顔と名前を持った具体的な問題解決者が働いている。そのような働き手を社会は求めている。そしてそのような働き手になることによって初めて生き甲斐や、やり甲斐を感じることができる。そのような将来像をイメージしながら、実践的に学ぶことができれば、1つひとつ自分を変えていくことができるはずだ。

　そのような方向に一歩を踏み出す勇気を持つこと、そして実際に踏み出すことをまず意識し、これからの社会人準備のための時間を自発的に有意義に過ごしてもらいたい。そうすればより良い未来が待っているはずだ。

# あとがき

　2018年7月、オウム真理教事件の13名の死刑が執行された。このカルト的な宗教テロ事件には、優秀な大学生、院生、医師などの専門職業者までもが加わり、その人生を誤った。その背景には、1980～90年代に特有な要素も指摘されている。しかし、私は今も同じように人生を誤らせてしまう同じ要因が、現代の教育の中にも潜んでいると考えている。

　机上で与えた知恵で机上の問題を解かせ個人の学力を測り続ける小学校から12年間以上の教育は、現実の複雑な問題に対処する経験を奪い、仲間との協力協働や議論の機会を奪い、社会性や自律性を伸ばす契機を奪っているのではないか。そのことによって、学ぶことと生きることを分離してしまってきたのではないか。

　その最悪の現れがオウム事件であるならば、落ちこぼれ社会人や引きこもりなどの問題、あるいは様々ないじめやブラック企業の問題はその小さな現れであろう。また、日本の科学技術力が低下している問題や様々な社会問題が明確な解決策を見いだせないまま放置されている（ように見える）問題なども、その背景にこの教育の問題、現実の問題解決から分離された学びの問題が潜んでいるように思えるのである。

　しかし、大学生という自由度が大きく主体的・能動的に学ぶことのできる期間の初めに、そのような小学生以来の教育の欠点を自分の中に見出し気づくことができれば、またそこに挑んでいく勇気を持つことができれば、その後の4年間で、社会や人々との繋がりを強め、その中で積極的に生きていくための準備ができるのではないか。

　本書がその助けになることを願い、希望している。

2018年8月2日　　著者

## <資　料>

**世界人権宣言（全文）**　（1948年12月10日国連総会採択）

（訳文出典：アムネスティ日本ホームページhttp://www.amnesty.or.jp）

**（前文）**

　人類社会のすべての構成員の固有の尊厳と平等で譲ることのできない権利とを承認することは、世界における自由、正義及び平和の基礎であるので、

人権の無視及び軽侮が、人類の良心を踏みにじった野蛮行為をもたらし、言論及び信仰の自由が受けられ、恐怖及び欠乏のない世界の到来が、一般の人々の最高の願望として宣言されたので、

　人間が専制と圧迫とに対する最後の手段として反逆に訴えることがないようにするためには、法の支配によって人権を保護することが肝要であるので、

諸国間の友好関係の発展を促進することが、肝要であるので、

国際連合の諸国民は、国際連合憲章において、基本的人権、人間の尊厳及び価値並びに男女の同権についての信念を再確認し、かつ、一層大きな自由のうちで社会的進歩と生活水準の向上とを促進することを決意したので、

加盟国は、国際連合と協力して、人権及び基本的自由の普遍的な尊重及び遵守の促進を達成することを誓約したので、

　これらの権利及び自由に対する共通の理解は、この誓約を完全にするためにもっとも重要であるので、

　よって、ここに、国際連合総会は、社会の各個人及び各機関が、この世界人権宣言を常に念頭に置きながら、加盟国自身の人民の間にも、また、加盟国の管轄下にある地域の人民の間にも、これらの権利と自由との尊重を指導及び教育によって促進すること並びにそれらの普遍的かつ効果的な認承と遵守とを国内的及び国際的な漸進的措置によって確保することに努力するように、すべての人民とすべての国とが達成すべき共通の規準として、この世界人権宣言を公布する。

**第1条**　すべての人間は、生れながらにして自由であり、かつ、尊厳と権利とについて平等である。人間は、理性と良心とを授けられており、互いに

同胞の精神をもって行動しなければならない。

第2条　すべて人は、人種、皮膚の色、性、言語、宗教、政治上その他の意見、国民的若しくは社会的出身、財産、門地その他の地位又はこれに類するいかなる事由による差別をも受けることなく、この宣言に掲げるすべての権利と自由とを享有することができる。

さらに、個人の属する国又は地域が独立国であると、信託統治地域であると、非自治地域であると、又は他のなんらかの主権制限の下にあるとを問わず、その国又は地域の政治上、管轄上又は国際上の地位に基づくいかなる差別もしてはならない。

第3条　すべて人は、生命、自由及び身体の安全に対する権利を有する。

第4条　何人も、奴隷にされ、又は苦役に服することはない。奴隷制度及び奴隷売買は、いかなる形においても禁止する。

第5条　何人も、拷問又は残虐な、非人道的な若しくは屈辱的な取扱若しくは刑罰を受けることはない。

第6条　すべて人は、いかなる場所においても、法の下において、人として認められる権利を有する。

第7条　すべての人は、法の下において平等であり、また、いかなる差別もなしに法の平等な保護を受ける権利を有する。すべての人は、この宣言に違反するいかなる差別に対しても、また、そのような差別をそそのかすいかなる行為に対しても、平等な保護を受ける権利を有する。

第8条　すべて人は、憲法又は法律によって与えられた基本的権利を侵害する行為に対し、権限を有する国内裁判所による効果的な救済を受ける権利を有する。

第9条　何人も、ほしいままに逮捕、拘禁、又は追放されることはない。

第10条　すべて人は、自己の権利及び義務並びに自己に対する刑事責任が決定されるに当って、独立の公平な裁判所による公正な公開の審理を受けることについて完全に平等の権利を有する。

第11条　犯罪の訴追を受けた者は、すべて、自己の弁護に必要なすべての保障を与えられた公開の裁判において法律に従って有罪の立証があるまでは、無罪と推定される権利を有する。

何人も、実行の時に国内法又は国際法により犯罪を構成しなかった作為又は不作為のために有罪とされることはない。また、犯罪が行われた時に

適用される刑罰より重い刑罰を課せられない。

第12条　何人も、自己の私事、家族、家庭若しくは通信に対して、ほしいままに干渉され、又は名誉及び信用に対して攻撃を受けることはない。人はすべて、このような干渉又は攻撃に対して法の保護を受ける権利を有する。

第13条　すべて人は、各国の境界内において自由に移転及び居住する権利を有する。

　すべて人は、自国その他いずれの国をも立ち去り、及び自国に帰る権利を有する。

第14条　すべて人は、迫害を免れるため、他国に避難することを求め、かつ、避難する権利を有する。

　この権利は、もっぱら非政治犯罪又は国際連合の目的及び原則に反する行為を原因とする訴追の場合には、援用することはできない。

第15条　すべて人は、国籍をもつ権利を有する。

　何人も、ほしいままにその国籍を奪われ、又はその国籍を変更する権利を否認されることはない。

第16条　成年の男女は、人種、国籍又は宗教によるいかなる制限をも受けることなく、婚姻し、かつ家庭をつくる権利を有する。成年の男女は、婚姻中、及びその解消に際し、婚姻に関し平等の権利を有する。

　婚姻は、婚姻の意思を有する両当事者の自由かつ完全な合意によってのみ成立する。

　家庭は、社会の自然かつ基礎的な集団単位であって、社会及び国の保護を受ける権利を有する。

第17条　すべて人は、単独で又は他の者と共同して財産を所有する権利を有する。

　何人も、ほしいままに自己の財産を奪われることはない。

第18条　すべて人は、思想、良心及び宗教の自由に対する権利を有する。この権利は、宗教又は信念を変更する自由並びに単独で又は他の者と共同して、公的に又は私的に、布教、行事、礼拝及び儀式によって宗教又は信念を表明する自由を含む。

第19条　すべて人は、意見及び表現の自由に対する権利を有する。この権利は、干渉を受けることなく自己の意見をもつ自由並びにあらゆる手段に

より、また、国境を越えると否とにかかわりなく、情報及び思想を求め、受け、及び伝える自由を含む。

第20条　すべての人は、平和的集会及び結社の自由に対する権利を有する。
何人も、結社に属することを強制されない。

第21条　すべての人は、直接に又は自由に選出された代表者を通じて、自国の政治に参与する権利を有する。

すべて人は、自国においてひとしく公務につく権利を有する。

人民の意思は、統治の権力の基礎とならなければならない。この意思は、定期のかつ真正な選挙によって表明されなければならない。この選挙は、平等の普通選挙によるものでなければならず、また、秘密投票又はこれと同等の自由が保障される投票手続によって行われなければならない。

第22条　すべて人は、社会の一員として、社会保障を受ける権利を有し、かつ、国家的努力及び国際的協力により、また、各国の組織及び資源に応じて、自己の尊厳と自己の人格の自由な発展とに欠くことのできない経済的、社会的及び文化的権利を実現する権利を有する。

第23条　すべて人は、勤労し、職業を自由に選択し、公正かつ有利な勤労条件を確保し、及び失業に対する保護を受ける権利を有する。

すべて人は、いかなる差別をも受けることなく、同等の勤労に対し、同等の報酬を受ける権利を有する。

勤労する者は、すべて、自己及び家族に対して人間の尊厳にふさわしい生活を保障する公正かつ有利な報酬を受け、かつ、必要な場合には、他の社会的保護手段によって補充を受けることができる。

すべて人は、自己の利益を保護するために労働組合を組織し、及びこれに参加する権利を有する。

第24条　すべて人は、労働時間の合理的な制限及び定期的な有給休暇を含む休息及び余暇をもつ権利を有する。

第25条　すべて人は、衣食住、医療及び必要な社会的施設等により、自己及び家族の健康及び福祉に十分な生活水準を保持する権利並びに失業、疾病、心身障害、配偶者の死亡、老齢その他不可抗力による生活不能の場合は、保障を受ける権利を有する。

母と子とは、特別の保護及び援助を受ける権利を有する。すべての児童

は、嫡出であると否とを問わず、同じ社会的保護を受ける。

第26条　すべて人は、教育を受ける権利を有する。教育は、少なくとも初等の及び基礎的の段階においては、無償でなければならない。初等教育は、義務的でなければならない。技術教育及び職業教育は、一般に利用できるものでなければならず、また、高等教育は、能力に応じ、すべての者にひとしく開放されていなければならない。

教育は、人格の完全な発展並びに人権及び基本的自由の尊重の強化を目的としなければならない。教育は、すべての国又は人種的若しくは宗教的集団の相互間の理解、寛容及び友好関係を増進し、かつ、平和の維持のため、国際連合の活動を促進するものでなければならない。

親は、子に与える教育の種類を選択する優先的権利を有する。

第27条　すべて人は、自由に社会の文化生活に参加し、芸術を鑑賞し、及び科学の進歩とその恩恵とにあずかる権利を有する。

すべて人は、その創作した科学的、文学的又は美術的作品から生ずる精神的及び物質的利益を保護される権利を有する。

第28条　すべて人は、この宣言に掲げる権利及び自由が完全に実現される社会的及び国際的秩序に対する権利を有する。

第29条　すべて人は、その人格の自由かつ完全な発展がその中にあってのみ可能である社会に対して義務を負う。

すべて人は、自己の権利及び自由を行使するに当たっては、他人の権利及び自由の正当な承認及び尊重を保障すること並びに民主的社会における道徳、公の秩序及び一般の福祉の正当な要求を満たすことをもっぱら目的として法律によって定められた制限にのみ服する。

これらの権利及び自由は、いかなる場合にも、国際連合の目的及び原則に反して行使してはならない。

第30条　この宣言のいかなる規定も、いずれかの国、集団又は個人に対して、この宣言に掲げる権利及び自由の破壊を目的とする活動に従事し、又はそのような目的を有する行為を行う権利を認めるものと解釈してはならない。

# <引用・参考文献>

## ○技術者倫理関係

(1) ハリス/プリッチャード/ラビンス著‐日本技術士会訳編『科学技術者の倫理 その考え方と事例』丸善,1988年（全般，特に第 3, 5, 11, 12, 15 章）

(2) ハリス/プリッチャード/ラビンス著‐日本技術士会訳編『第 2 版 科学技術者の倫理 その考え方と事例』丸善,2002年 （全般，特に第 3, 5, 11, 12, 15 章）

(3) シンジンガー/マーチン著‐西原英晃監訳『工学倫理入門』丸善,2001年（全般，特に第 3, 6, 12 章）

(4) ウイットベック著‐札野ら訳『技術倫理 1』みすず書房,2000年 （全般，特に第 3, 12, 15 章）

(5) 大貫徹/坂下浩司/瀬口昌久編『工学倫理の条件』晃洋書房,2002年 （全般，特に第 11 章）

(6) 黒田光太郎/戸田山和久/伊勢田哲治編『誇り高い技術者になろう』 名古屋大学出版会,2004年 （全般，特に第 3, 5, 12, 15 章）

(7) 齊藤了文/岩崎豪人編『工学倫理の諸相』ナカニシヤ出版,2005年 （全般）

(8) 齊藤了文/坂下浩司編『はじめての工学倫理 第 2 版』昭和堂,2001年 （全般，特に第 3, 5 章）

(9) 杉本泰治/高城重厚著『第 4 版 大学講義 技術者の倫理入門』丸善,2008年（全般，特に第 3, 5, 15 章）

(10) 中村収三/近畿化学協会工学倫理研究会共編著『技術者による実践的工学倫理 第 2 版』化学同人,2006年 （全般）

(11) 中村収三著『実践的工学倫理‐みじかく，やさしく，役にたつ‐』化学同人，2003年 （全般）

(12) 新田孝彦/蔵田伸雄/石原孝二編『科学技術倫理を学ぶ人のために』世界思想社,2005年 （全般）

(13) 藤本温編著『技術者倫理の世界 第 2 版』森北出版,2002年 （全般）

(14) 札野順編著『技術者倫理』放送大学教材,2004年 （全般，特に第 3, 5, 11, 15 章）

(15) 堀田源治著『いまの時代の技術者倫理』日本プラントメンテナンス協会,2003年 （全般，特に第 3, 5 章）

○技術論関係

(16) 池田満昭著『技術者を目指す若者が読む本』東京図書, 2006 年　(第 1, 2 章)

(17) 畑村洋太郎著『失敗学のすすめ』講談社, 2000 年　(全般, 特に第 1, 3, 6 章)

(18) 畑村洋太郎著『図解雑学　失敗学』ナツメ社, 2006 年　(全般, 特に第 1, 3, 6 章)

(19) 今治造船ボート部ブログ(http://www.imazo-rowingteam.blog.so-net.ne.jp)(第 7 章)

(20) ジェームズ・リーズン著－塩見弘監訳『組織事故』日科技連出版社, 1999 年　(第 7 章)

(21) 中島洋介著『安全とリスクのおはなし』日本規格協会, 2006 年　(第 7.8 章)

(22) 杉本旭著『機械にまかせる安全確認型システム』中災防新書、2003 年　(第 8 章)

(23) ハインリッヒ他著－総合安全工学研究所訳『ハインリッヒ　産業災害防止論』　海文堂, 1982 年　(第 8 章)

(24) 大輪武司著『技術とは何か』オーム社, 1997 年　(全般, 特に第 9 章)

(25) 黒川篤著『設計という名の問題解決』オーム社, 1997 年　(全般, 特に第 9 章)

(26) 『臨床試験の一般指針』(独立行政法人　医薬品医療機器総合機構ホームページ http://www.pmda.go.jp/ より)　(第 9 章)

(27) 村田純一著『技術の哲学』岩波書店, 2009 年　(全般)

○科学哲学・認識論関係

(28) 戸田山和久著『科学哲学の冒険』NHK ブックス, 2005 年　(第 3, 9 章)

(29) 伊勢田哲治著『疑似科学と科学の哲学』名古屋大学出版会, 2003 年　(第 3, 9 章)

(30) フランシス・ベーコン著・桂寿一訳「ノヴム・オルガヌム　新機関」岩波文庫、1978 (第 4 章)

(31) 竹内薫著『99.9% は仮説　思いこみで判断しないための考え方』光文社, 2006 年　(第 9 章)

○倫理関係

(32) J.S. ミル著－伊原吉之助訳「功利主義論」,『世界の名著 38』中央公論社, 1967 年　(第 5 章)

(33) 伊勢田哲治著『動物からの倫理学入門』名古屋大学出版会, 2008 年 (第 4, 5, 15 章)

(34) 新田孝彦著『入門講義　倫理学の視座』世界思想社, 2000 年　(第 5 章)

(35) 加藤尚武著『環境倫理学のすすめ』丸善, 1991 年　(第 13 章)

(36) 加藤尚武著『技術と人間の倫理』NHK ライブラリー, 1996 年　(第 13 章)

(37) 村田純一著『技術の倫理学』丸善, 2006 年 （全般）


○コミュニケーション関係

(38) 草野耕一著『日本人が知らない説得の技法』講談社, 1997 年 （第 12 章）

(39) 小林傳司著『誰が科学技術について考えるのか』名古屋大学出版会, 2004 年（第 15 章）

(40) 藤垣裕子著『専門知と公共性』東京大学出版会, 2003 年 （第 15 章）

(41) 星野一正著『インフォームド・コンセント 患者が納得し同意する診療』 丸善, 2003 年 （第 5 章）


○事例関係

(42) 畑村洋太郎編著, 実際の設計研究会著『続々・実際の設計』 日刊工業新聞社, 1996 年 （第 3, 5, 6, 7 章）

(43) NHK 取材班著『NHK スペシャル 戦後 50 年その時日本は＜第 3 巻＞』日本放送出版協会, 1995 年 （第 4 章）

(44) 福島原発独立検証委員会「調査・検証報告会」日本再建イニシアティブ、2012 年 （第 5 章）

(45) 山中龍宏「シュレッダーによる傷害について」(http://www.cipec.jp/) （第 6 章）

(46) 畑村洋太郎著『実際の設計選書 ドアプロジェクトに学ぶ 検証回転ドア事故』 日刊工業新聞社, 1996 年 （第 7 章）

(47) 畑村洋太郎のすすめ 畑村創造工学研究所ホームページ－失敗知識データベース (http://www.sozogaku.com/) （全般）

(48) 厚生労働省ホームページ (http://www.mhlw.go.jp/) （第 7, 10 章）

(49) 高橋徹編『諫早湾調整池の真実』かもがわ出版, 2010 年 （第 9 章）

(50) 有明海漁民・市民ネットワーク諫早干潟緊急救済東京事務所ブックレット『諫早湾干拓と有明海』PDF 第 3 版, 2007 年 （第 9 章）

(51) 諫早干拓・川辺川ダムから海を考える会著『よみがえれ, 宝の海』岩波ブックレット No.539, 2004 年 （第 9 章）

(52) 長崎県：プレゼンテーション資料『諫早湾干拓事業 潮受堤防排水門の開門による影響』2010 年 （第 9 章）

(53) トヨタリコール問題取材班編『不具合連鎖』日経 BP 社, 2010 年 （第 12 章）

(54) 国土交通省ホームページ (http://www.mlit.go.jp/) （第 13 章）

○社会認識関係

(55) 日本工業標準調査会ホームページ (http://www.jisc.go.jp/) (第6章)
(56) 大阪医科大学セクシュアル・ハラスメント等防止委員会Ｗｅｂページ (第7章)
(57) 環境省『公害白書』『環境白書』『環境・循環型社会・生物多様性白書』(第13章)
(58) 「国連環境開発会議(地球サミット：1992年，リオ・デ・ジャネイロ) 環境と開発に関するリオ宣言」(http://www.env.go.jp/council/21kankyo-k/y210-02/ref_05_1.pdf) (第13章)
(59) 水野朝夫「技術者が捉える環境問題の諸相」，『技術倫理研究』第6号，名古屋工業大学技術倫理研究会, p.81-107, 2009年 (第13章)
(60) サステナビリティ-ESG投資ニュースサイト(http://sustainable japan.jp)(第13章)
(61) レイチェル・カーソン著-青樹築一訳「沈黙の春」新潮社 (第13章)
(62) ドネラ・H・メドウズ著-枝廣淳子訳「成長の限界」ダイヤモンド社 1972年 (第13章)
(63) 外務省ホームページ「プライバシー保護と個人データの国際流通についての『平成22年度環境・循環型社ガイドラインに関するOECD理事会勧告（1980年9月（仮訳)」(http://www.mofa.go.jp/mofaj/gaiko/oecd/privacy.html) (第14章)
(64) 消費者庁「個人情報の保護」ホームページ (http://www.caa.go.jp/seikatsu/kojin/) (第14章)
(65) 半田正夫著『デジタル・ネットワーク社会と著作権』(社) 著作権情報センター, 2016年 (改訂) (第14章)
(66) 特許ホームページ庁 (http://www.jpc.go.jp) (第14章)
(67) 著作権情報センターwebページ (http://www.crie.or.jp) (第14章)

○JIS等規格関係

(68) JIS Q9000, 9001 品質マネジメントシステムのファミリー規格 (第2, 9章)
　　JIS Q9000:2006(ISO9000:2005)「品質マネジメントシステム－基本及び用語」
　　JIS Q9001:2008(ISO9001:2008)「品質マネジメントシステム－要求事項」
　　JIS Q9004:2010(ISO9004:2009)「組織の持続的成功のための運営管理―品質マネジメントアプローチ」
(69) ISO12100 機械安全のシリーズ規格 (ここで参照すべき主なもののみ以下。) (第7, 8章)
　　JIS B9700-1:2004(ISO12100-1:2003)「機械の安全性－基本概念，設計の一般原則－第1部：基本用語，方法論」
　　JIS B9700-2:2004(ISO12100-2:2003)「機械の安全性－基本概念，設計の一般原則－第

2部:技術原則」

　　　　JIS B9702:2000(ISO14121:1999)「機械の安全性－リスクアセスメントの原則」

(70)　JIS Z8051:2004 (ISO/IEC Guide51:1999)「安全側面－規格への導入指針」(第7,8章)

(71)　JIS Q0073:2010(ISO Guide73:2009)「リスクマネジメント－用語」(第10～12章)

(72)　JIS Q31000:2010(ISO31000:2009)「リスクマネジメント－原則及び指針」(第10～12章)

(73)　JIS A1701:2006「遊戯施設の検査標準」(第6章)

(74)　JIS Z6000:2012(ISOZ6000:2010)「社会的責任に関する手引き」(第15章)

### ○学協会・技術者協会・団体のホームページ

(75)　日本技術者教育認定機構（JABEE）ホームページ（http://www.jabee.org/）（全般）

(76)　日本技術士会ホームページ（http://www.engineer.or.jp/）（第15章）

(77)　日本工学教育協会ホームページ（http://www.jsee.or.jp/）（全般）

(78)　科学技術社会論学会ホームページ（http://jssts.jp/）（第13～15章）

(79)　アムネスティの日本ホームページ（http://www.amnesty.or.jp/）（第14章、資料）

(80)　「いじめから子供を守ろうネットワーク」ホームページ(http://mamoro.org/)(第14章)

### ○法令関係

工業標準化法，製造物責任法，個人情報保護法，公益通報者保護法，知的財産基本法，不正競争防止法，技術士法，地方公務員法，国家公務員法，著作権法，特許法，実用新案法，男女雇用機会均等法

### ○その他

適宜，広辞苑（第6版）、『知喜蔵』2014年版、Wikipedia(日本語版)や，報道各社ホームページその他のインターネット上の情報を参考にした

# 索　引

OHSAS18000　76,77
2030アジェンダ　164,184
3ステップメソッド　85
5ゲン主義　41～45,105,181,185,188
Bad news first　8,119
ELSI（倫理的法的社会問題）研究　169
ISO 12100　76,98
ISO 14121　76,79
ISO26000　184
JIS規格　68
MDGs：Millennium Development Goals　163
OECDの「プライバシー8原則」　177
Off-JT(Off the Job Training)　129,185
OJT(On the Job Training)　129,185
PBL　26
SDGs：Sustainable Development Goals　164,184

## 『あ』

挨拶　118
アジェンダ21　163
アピール　120
安全確認型システム　95
安全設計　85,91
安全の定義　90
安全防護　85,95,100

## 『い』

諫早湾干拓事業と有明海の異変　111
意匠　22
潔さ　51,71,185
一般教養　26
異分野　74,188

インフォームドコンセント　64
インフラストラクチャー　158

## 『え』

営業秘密　175
エシックス・テスト　190
エンジニアリング・デザイン　22,23,188

## 『お』

黄金律　57
応用力　20
落ちこぼれ社会人　2

## 『か』

海洋プラスチック憲章　164
抱え込むな　8
可逆性テスト　191
確認済みの知識　42
科学技術への過信　158
価値（評価）の説得　143,146
価値観の多様化　155,157
価値評価　71,143
株式の大量誤発注事件　9
環境立国宣言　167
感じ方　151
カントの義務論　62,189

## 『き』

機械安全　76,83
危害テスト　191
危害発生のメカニズム　83
危険　25
危険源　83,84,95
危険検出型システム　95

危険状態　83
危険予知訓練（KYT）　76,78
技術士倫理綱領　193
技術的逸脱　40
技術的逸脱の標準化　41
客観的事実　71,172
客観的評価　149
共感　148
規範倫理　57
規律的説得　146
ギルベイン・ゴールド　132
記録　18,141,194
議論　29
緊張関係　130
金属疲労　67

『く』

グループディスカッション　13
グローバル化　24,155,170

『け』

経営　26
計画　25
計画立案　101
経済　26
結果　65
結果の監視　108
検証　106
原則　42
現人　12,18
原理　42

『こ』

公益　61
公益通報制度　138,175
公害国会　48
効果的　121

公衆　3,61
公衆優先原則　61
高等教育　3,121
高度科学技術社会　155
高度経済成長　76,160
高度情報化社会　155、171
功利主義　58,189
効率的　121
功利的説得　146
国連人間環境会議　162
国連ミレニアム・サミット　163
個人情報保護　176
個人情報保護法　178

『さ』

再発防止策　53,160]
笹子トンネル天井板落下事故　158
産業財産権　174
三現主義　11,17～20,39,41,106,172,181
残留リスク　90

『し』

ジェットコースター事故　67
試行錯誤　21
自己決定権　54,65,187
自己紹介　118
自己情報コントロール権　176
自己実現　116
仕事力　8
自己防衛可能性テスト　191
事実（認識）の説得　143,144
自主的・継続的に学習する能力　185
自信　198
持続可能な開発　155,165,184
実害最小の戦略　108
シティコープ・タワーの危機　195
自動化　79

謝罪　111
従順さ　4
集団思考　136,179
修復　110
主観的事実　71,172
受容可能なリスク　90
シュレッダー　72
正直性　64
使用上の情報　85,100
情緒的説得　146
情報屋　7
ジレンマ　133
真　53,189
真善美　55
真実性　145,172
深層防護　79
信託される者　183
信用　189
信頼　189

『す』

スイスチーズ・モデル　79
水平展開　93
優れた計画　104
スペースシャトル・チャレンジャー号爆発事故　34,38,139
スリーマイル島（TMI）原発事故　79

『せ』

政治　26
誠実性,誠実さ　46,52,69
製造物責任　70
生命体　116
セウォル号沈没事故　5
世界人権宣言　179,200
責任感　195
セクシュアル・ハラスメント（セクハラ）　123、124
世間体リスト　191
積極的プライバシー権　176
説得　64,139,143
説得力　148
説明責任　70,194
絶対安全　65,90
セブン・ステップ・ガイド　191
善　53,189
センサー　87,96
潜在的原因　82
漸進戦略　108
専門業務　23
専門分野　27、188

『そ』

創意工夫　21
早期対処・現状復帰の原則　109,165
相談　26,120
相反問題　133
即発的エラー　82
組織ぐるみ　117
組織統治　117,127
組織の社会的責任
　（SR：Social Responsibility）184
素養　28
損害　83
尊厳　116

『た』

大韓航空貨物 8509 便墜落事故　5
耐震強度　10
妥当性確認　107,165
探求　38,41

『ち』

チームワーク　25,116118,121

地球環境問題　155,157,163
地球サミット　163,165
地球の限界　162、163
知的財産権　173
知的労働　175
調整力　185
著作権　176
地理　27

## 『て』

デジタル・ネットワーク社会　174
手順　20
手続き　65

## 『と』

同意　63
道具　156
東京湾横断道路コンクリートミキサー労働災害事故　96
透明性　194
独善　152
独創性　43

## 『な』

内部告発　138,175
ナチュラル・ステップ　166

## 『に』

2次被害を防止する封鎖原則　110

## 『ね』

ネットいじめ　179

## 『は』

ハーマン・デイリーの3原則：定常経済　166
ハインツのジレンマ　133,134

ハインリッヒの法則　92
ハラスメント　123
パワー・ハラスメント（パワハラ）　123,124
判断　53,65,145,189

## 『ひ』

美　53,189
被害　83
非常事態　83
ヒヤリ・ハット　83
ヒヤリ・ハット運動　93
費用便益計算　59
費用便益分析　59
疲労破壊　68

## 『ふ』

不安全行動・不安全状態　78,90
ファンタジー　43
フェールセーフ　95
フォード・ピント事件　59
付加保護方策　85,100
普遍化可能性テスト　62
プライバシー　176
プリウスのブレーキ不具合　149
プロセス・アプローチ　102
文化　27
文脈　27,57,187

## 『へ』

ヘイトクライム（犯罪）　180
ヘイトスピーチ　180

## 『ほ』

報告　26,119
保守性　104
補償　111
本質安全設計方策　85,100

## 『ま』

枚挙的帰納法　33
間違い最小の戦略　104

## 『み』

ミートホープ事件　116
見直し　20,106
水俣病事件　48
ミレニアム開発目標
　（MDGs：Millennium Development Goals）163

## 『む』

無意識　53,54

## 『め』

メンテナンス　160

## 『も』

問題解決　12,22,168,187,198
問題解決者　198
問題解決力　15,20
問題解釈　11
問題状況　12,17〜22,106,135,143,187
問題設定　19,20
問題分析　133,135
問題理解　11,187

## 『ゆ』

勇気　195

## 『よ』

予防原則　165
予防倫理　51

## 『り』

リーダー　8
リーダーシップ　127
利益相反　192
リオ宣言　163,165
リスク　25,89,158
リスクアセスメント　76,89〜92,100
リスク社会　170
リスク評価表　89
倫理綱領　61,172,190,192
倫理的想像力　72,155
倫理テスト　191

## 『れ』

歴史　27
レビュー　20,106
連絡　26,118

## 『ろ』

老朽化　157,160]
労働安全活動　76
ローカルナレッジ　187
六本木ヒルズ自動回転ドア事故　86

## 『わ』

忘れられる権利　178

【著者略歴】

比屋根　均（ひやごん　ひとし）

1962 年　大阪生まれ
1990 年　東京大学大学院工学系研究科修士課程修了（金属材料）
　　　　大同特殊鋼株式会社入社，主に鋼材製造部門，プラント部門，開発，品質等
　　　　マネジメントシステム部門担当
2000 年　技術士一次試験合格，技術士補（環境部門），（社）日本技術士会準会員B
2003 年　技術士二次試験合格，技術士（総合技術監理部門／衛生工学部門）（社）日本技術士会
　　　　正会員
2005 年　（社）日本技術士会中部支部 ET の会（技術者倫理研究会）創設に参加
2006 年　ET の会による"テクノロジー・カフェ"の立上げ・運営に当たる
　　　　同年より大学工学部等で非常勤講師（技術者倫理）開始
2009 年　名古屋大学大学院情報科学研究科博士課程にて，技術者倫理の技術論的基礎付けを研究
2011 年　ラーテン技術士事務所を立上げ，技術と技術者の教養／リテラシーのための教材作成，
　　　　技術論研究に専心
2015 年　博士（情報科学）名古屋大学

非常勤講師
名古屋大学大学院／豊橋技術科学大学／中部大学／岐阜工業高等専門学校／岐阜大学大学院／名古屋工業大学／中京大学

博士論文：「日本の技術者制度改革の停滞と混乱〜その問題分析と解決策の提示〜」名古屋大学、2015 年

---

## 大学の学びガイド　社会人・技術者倫理入門

2018年10月1日　初版第1刷発行
2023年8月26日　初版第2刷

著作者　比屋根　均
発行者　柴山　斐呂子

検印省略

発行所
理工図書株式会社

〒102-0082　東京都千代田区一番町27-2
電話 03（3230）0221（代表）
FAX 03（3262）8247
振替口座 00180-3-36087 番
http://www.rikohtosho.co.jp

Ⓒ　比屋根　均　2018年　Printed in Japan
ISBN978-4-8446-0880-6
印刷・製本　丸井工文社

＊本書の内容の一部あるいは全部を無断で複写複製（コピー）することは，法律で認められた場合を除き著作者および出版社の権利の侵害となりますのでその場合には予め小社まで許諾を求めてください。
＊本書のコピー，スキャン，デジタル化等の無断複製は著作権法上の例外を除き禁じられています。本書を代行業者等の第三者に依頼してスキャンやデジタル化することは，たとえ個人や家庭内の利用でも著作権法違反です。

自然科学書協会会員★工学書協会会員★土木・建築書協会会員